人工智能
技术基础

李刚 ◎ 编著

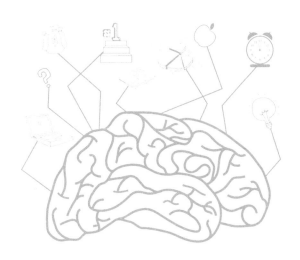

北京大学出版社
PEKING UNIVERSITY PRESS

内 容 简 介

本书按照人工智能在不同领域的研究特点,通过专项应用来研究相关技术。

全书分为11章,第1章介绍人工智能领域的基本概念,第2章说明 Python 语言编程工具的使用,第3章到第10章分别从应答机器人、物体识别、人脸识别、语音识别、视频识别、生成对抗神经网络、无人驾驶、区块链和大数据等方面对人工智能从原理到实战一步一步进行介绍,第11章提取了部分人工智能方面的面试题,供未来从事人工智能研究工作的读者参考。

无论读者是否从事计算机相关专业的工作,有没有过开发的经验,是否熟悉 Python 语言,是否想要转行从事相关的工作,均可通过本书掌握编程的技巧和 Python 的基本技能。

图书在版编目(CIP)数据

人工智能技术基础 / 李刚编著. — 北京:北京大学出版社,2022.6
ISBN 978-7-301-33005-0

Ⅰ.①人… Ⅱ.①李… Ⅲ.①人工智能 Ⅳ.①TP18

中国版本图书馆 CIP 数据核字(2022)第080111号

书 名	人工智能技术基础	
	RENGONG ZHINENG JISHU JICHU	
著作责任者	李 刚 编著	
责 任 编 辑	王继伟 刘 倩	
标 准 书 号	ISBN 978-7-301-33005-0	
出 版 发 行	北京大学出版社	
地 址	北京市海淀区成府路205号 100871	
网 址	http://www.pup.cn 新浪微博:@ 北京大学出版社	
电 子 信 箱	pup7@ pup.cn	
电 话	邮购部 010-62752015 发行部 010-62750672 编辑部 010-62570390	
印 刷 者	北京宏伟双华印刷有限公司	
经 销 者	新华书店	
	787毫米×1092毫米 16开本 12.25印张 297千字	
	2022年6月第1版 2022年6月第1次印刷	
印 数	1-4000册	
定 价	69.00元	

前 言

INTRODUCTION

人工智能是一门十分热门和有趣的学科,而且技术含量丰富,其在图像处理、机器学习、深度学习、语言处理、音乐学等领域都有很多应用。在人工智能快速发展的今天,识别技术和数据预测能力也在不断提升。

本书的由来

人工智能正在全球迅速崛起,已经影响了我们生活的方方面面。比如智能扫地机、智能擦窗机等智能家居产品,"智能"这个词正悄然地改变着我们周围的环境。此外,还有拉面机器人、送菜机器人、快递机器人等不同智能型的机器人也涌现出来,很多不敢想象的场景正变为现实。无论读者是一直都在关注人工智能,还是刚开始对人工智能感兴趣,人工智能的快速发展都是客观存在的,认识和了解人工智能将成为一种必然。

本书写作的初衷是使不了解人工智能的读者能轻松阅读,对人工智能有一定了解的读者也能从应用上得到思路的开拓。本书立足于人工智能领域研究的主要方向,采用"理论+图像示意+模块实战"的形式进行讲解,使原理通俗易懂,突出应用的可扩展性,力求服务好人工智能领域的读者。

本书的读者对象

无论读者是否从事计算机相关行业,有无开发经验,是否熟悉Python语言,是否想要转行从事相关的工作,均可通过本书掌握编程的技巧和Python的基本技能。

本书特色

♦ 应用拓展模块无须注册,非限制使用。

人工智能领域有很多应用的使用平台,但很多平台需要注册才可以使用,并且对功能的使用也会有一定的限制,本书中涉及的技术源码中有模块的支持文件,无限制,无须注册,使用起来很方便。

♦ 涉及的领域广泛。

针对人工智能主要的发展领域,如应答机器人、图像识别、物体识别、语音识别、视频识别、生成对抗神经网络、无人驾驶及大数据等都有原理的解释和应用的扩展,让读者能全方位开启对人工智能领域的认识。

◆解释力求通俗。

人工智能的难点在于理论的抽象和算法的深奥,本书力求解释得通俗易懂,并辅以贴近读者生活的案例。

◆代码力求简单。

人工智能在解决具体问题方面的程序代码比较复杂,不利于读者理解代码逻辑。本书力求代码简单化,涵盖人工智能领域常用的各种模块,并对很多模块在功能方面进行细化,以加深读者的理解程度,提高其实际操作能力。

后话

由于人工智能技术含量丰富,立足于通俗的角度去解释和说明,难免有一些错误与不妥之处,欢迎读者在阅读过程中提出批评和改进建议。纠错也是人工智能这门学科不断取得进步的基本途径,正如爱因斯坦所说:"一个人在科学探索的道路上走过弯路,犯过错误,并不是坏事,更不是什么耻辱,要在实践中勇于承认和改正错误。"

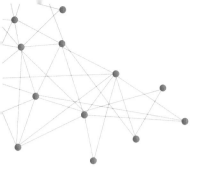

目 录

CONTENTS

10 第10章
区块链协同大数据 ································**156**

11 第11章
人工智能面试指导 ································**185**

第1章

人工智能时代的开始

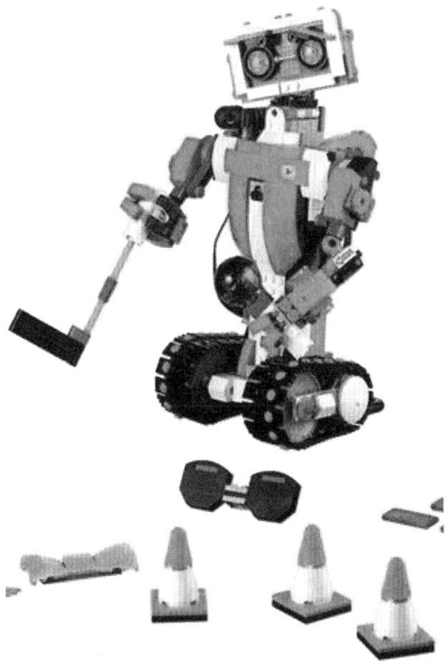

最近的娃娃类机器人编程很火,乐高就是其中的家族之一,把砖块和机械结构搭建起来,加入编程控制,想让它怎么动就怎么动。

图1.1中乐高机器人组装的高尔夫球选手,惟妙惟肖的形象显得很可爱,同时还能挥上几杆,打几局高尔夫球。

随着编程技术的娃娃化,人工智能时代已悄然来临。

图 1.1　乐高机器人组装的高尔夫球选手

1.1 由机器学习到人工智能的定义

如今,有很多关于AI的话题。

"依托AI,实现手机的伟大变革。"

"依托AI,实现行业的智能化与自动化。"

······

相信有朝一日,走在大街上,可能也会出现这样的广告语:

"世界上没有什么事是一个AI程序解决不了的,如果有,那就来两个。"

"AI技术,只有你想不到的,没有我们做不到的。"

"生活要想好,AI是法宝。"

······

AI即人工智能,是 Artificial Intelligence 的英文缩写。所谓人工智能,是指在具有计算能力的同时,还具有某种创造性的处理能力,是计算机对人类智能的模拟再现及其相关技术。阐述得通俗一点,人工智能就是模拟人类的思维来计算和处理问题。人类对事物的认识是在学习中逐步完善的,计算机也如此,通过学习,计算机可以达到举一反三的效果,可以进行自主的思考和判断。

这里以电商网站的推荐功能为例,漂亮的女士在购买服装的时候一般都要搭配合适的饰品。某日,A Lady 在某网站购买了内衣和项链。第二日,B Lady 在同一个网站上只购买了内衣。这时,计算机会向 B Lady 推荐项链。

现在 A Lady、B Lady、C Lady 在同一网站分别购买了图 1.2 所示的商品。A Lady 购买了内衣和项链,C Lady 购买了内衣和耳坠,B Lady 只购买了内衣,那么,网站会向只购买了内衣的 B Lady 推荐项链还是耳坠呢? 如果不能将项链和耳坠同时推荐给 B Lady,这里又会选择推荐哪一种呢?

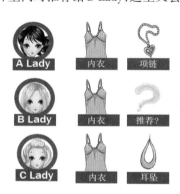

图 1.2　三个 Lady 购买的商品推荐

答案可以在随机的范围中去找,也就是网站可以通过随机方式适当地进行推荐,但这样人工智能就没有现实的意义了。若想让顾客购买更多商品,可以向 B Lady 推荐购买概率更高的项链,内衣配项链,美丽又好看。但也不代表耳坠不是 B Lady 的喜好,所谓内衣配耳坠,奢华也长脸。计算机的"举一反三"可以采取多种方法对这个问题进行判断,可以查看 B Lady 的购买记录,接下来推测 B Lady 可能会购买的商品,就需知 A Lady 和 C Lady 谁买的商品更符合 B Lady 的喜好。假设 A Lady、B Lady、C Lady 对于项链和耳坠的购买记录如图1.3所示。

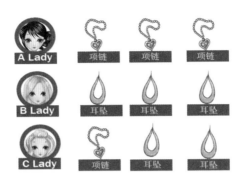

图1.3　三人的购买记录

根据三人的购买记录,可以判断出 B Lady 对耳坠的喜好更接近 C Lady,就可以得知应该推荐项链还是耳坠了。可以通过购买记录判断出,A Lady 比较喜欢装饰脖子,B Lady 和 C Lady 则喜欢装饰耳朵。由此可以判断,向 B Lady 推荐耳坠为宜。

当然,饰品也是分三六九等的,不同的饰品,其价格千差万别。计算机里有事先存储好并且分类为"价格贵的饰品"和"价格便宜的饰品"的信息,如图1.4所示。

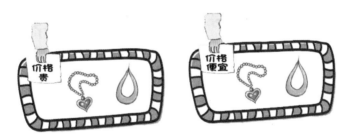

图1.4　三人购买饰品分类的记录

这里的"价格贵的饰品"和"价格便宜的饰品"可以使用参考价格来划分,即大于参考价格就是"价格贵的饰品",小于参考价格就是"价格便宜的饰品",这样也可以帮助推测出 B Lady 和 C Lady 的购买能力是否相近。

此时,如果出现另一种没有分类的饰品,如手环,也可以通过参考价格做基本的分类。当然,还可以根据材质来分类,如金、银、珍珠等。分类的维度越来越细,对 B Lady 和 C Lady 的喜好及购买能力的分析也会越来越细,推荐出来的结果就会越接近于 B Lady 的真实喜好。

根据经常与未知事物一同出现的已知事物去推测未知事物的性质,这是一种人工智能经常使用的重要方法。计算机所运用的技术是否属于复杂的人工智能并不重要,能否以更高的精准度达到目的才是关键所在。

1.2 人工智能发展史

在1956年的达特茅斯会议上,"人工智能"一词登上了历史的舞台。在这个时期,人工智能软件 "Eliza(伊莉莎)"引起了很大的反响。这是一台依靠文本进行对话的计算机,类似于哑巴英语一般的交流,靠文字和符号。伊莉莎担任的角色相当于一个治疗师,与病人进行"病情"的模拟对话。对于患者的提问,医生伊莉莎能够用文字或符号的方式进行自动应答,运用简单的模式匹配来实现对话功能,也被戏称为"人工无能"。后来对伊莉莎稍做改进,形成了对话计算机。

至今,对话计算机仍然是人类智能领域重要的研究课题,图灵测试就是一种测试对话计算机性能的著名方法。但是,仅仅通过图灵测试还不够,计算机要达到人类水平的对话交流还需时日,毕竟人类有喜怒哀乐,还有情绪感知,图灵测试也在进行这方面的改进。

20世纪80年代,"专家系统"出现了。所谓"专家系统",是指专注于某种特定领域的系统研究,如以自然交谈的方式预订酒店,诊断是否患有特定疾病等。

但是,"专家系统"只能应对规则中事先记载的内容,按照"由X推理到Y"的途径处理问题,无法灵活应对复杂问题,比如抽象词汇、模糊词汇等,如图1.5所示。

图 1.5 "由X推理到Y"的途径

随着"机器学习"技术的问世,人工智能开始在各行各业被广泛应用。机器学习就是计算机自主从海量的数据中归纳和总结出规则,相当于计算机开始了思考,而且能够进行自主思考。

空调在人离开房间后自动断电是一种自主思考。

把新鲜成熟的蔬菜分拣出来是一种自主思考。

通过验血判断癌症患者的细胞组合是否正常是一种自主思考。

……

如果没有机器学习技术,输入X后,计算机只能根据"由X推理到Y"的规则回答Y。倘若输入没有纳入原则的Z,计算机也会傻眼,不知道做出什么样的回应。但借助"机器学习"技术,对于输入的未知信息Z,计算机可以通过学习进行自主思考,因此也能做出应答。

今天的人工智能热潮已经成为一种社会现象,不仅仅出现在研究层面,更和世界上每一个人都息息相关。

1.3 认知机器学习

新的人工智能热潮基于机器学习,结合实际生活,不免联想到垃圾分类,如果垃圾能够自动分类该有多好。

适宜回收未污染的生活垃圾被归类为"可回收垃圾",自动收入蓝色垃圾桶;餐厨废弃物、居民生活厨余垃圾、有机垃圾被归类为"易腐垃圾",自动收入绿色垃圾桶;对人体健康有直接或潜在危害的生活垃圾被归类为"有害垃圾",自动收入红色垃圾桶;除可回收垃圾、有害垃圾及易腐垃圾外,还有一种垃圾被归类为"其他垃圾",自动收入黑色垃圾桶。如果这里只有少量的几件垃圾去分类,并非难事;倘若判断成千上万件垃圾一同袭来,判断垃圾分类的正确性,全部依靠人工分类,耗时巨大,且不现实。而利用计算机进行分类,其优势便在于它善于处理这种情况,能够高速处理大量数据,这就是机器学习,如图1.6所示。

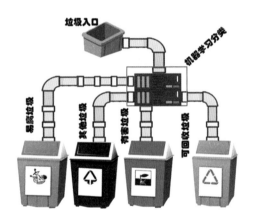

图1.6 垃圾分类的机器学习结构

可以设想一下垃圾的分类规则。

通过材质和挥发性进行分类,如同样是瓶子,塑料瓶可回收加工后循环利用,是可回收垃圾,农药瓶是有害垃圾,因农药属于化学药剂,会对人体健康和环境造成潜在危害。

识别出水果残余、花卉、果壳等即为易腐垃圾。

识别包装中的图标有无绿色或有害的标志,根据标志和材质可以判断是可回收垃圾还是有害垃圾。

难度比较大的纸张,根据纸质、成分等可以判断是可回收垃圾还是其他垃圾。

……

这些是人类比较容易捕捉到的规则,机器学习面对庞大的数据量,可能会发现人类无法察觉的、隐藏于数据深处的规则。同时,假使在既有数据中增加新型垃圾的信息,只需再次进行同样的学习,便能妥善构建出新的规则。

1.3.1 机器学习概念

所谓机器学习,是指AI自身从被给予的数据中构建规则的技术,这种技术并不依赖人类给计算机输入的某种规则。但"巧妇难为无米之炊",在一无所有的情况下,机器学习也很难完成任务。机器学习的粮食是不太完美的规则及数据,由人类给予,这些不太完美的规则及数据在后期也会不断地被完善和调整,相当于改善机器学习的伙食。尝遍八方美食,吞吐海量数据,这是机器学习的基础所在,这些美食还要跟机器学习的"喜好"有关系,即数据必须与机器学习研究的方向相符,随意的数据会使机器学习研究的课题不明所以。

中国有个成语叫"指鹿为马",如果想开发出一款AI产品,使其能够辨别出照片上的是马还是鹿,就需要收集大量马和鹿的照片,把这些含有马和鹿的照片作为AI的机器学习数据。AI通过学习马和鹿的相关照片的特点,从而具备"推测出照片上所拍摄的是马还是鹿"这一功能。当然,如果你非要用这个功能去识别"猪",这也是不可能的事情。

"学习"两个字在机器学习中,就是不断完善和调整人类给予的不太完整的规则和数据,我们在做"好好学习,天天向上",机器在做"学习数据,调整完善"。

1.3.2 机器学习方式

机器学习最主要的学习方式有三种:监督学习、无监督学习和强化学习。

1.监督学习

监督学习是机器学习中使用频率最高的方法。根据已经获取的数据集合,确定输入和输出结果之间的关系,根据这种已知的关系,训练得到一个最优的模型。说得通俗一点,就是教机器如何去做事情。事先获取的数据集称为"监督数据",计算机从监督数据中学习规则和模式。也就是说,在监督学习中训练数据不但要有数据的特征,还要有数据结果的标签,通过训练,让机器可以自己找到数据特征和结果标签之间的联系,在面对只有特征没有标签的数据时,可以判断出标签。

监督学习适用于以下两种情况。

一种情况是,人类能够掌握相关的规则,利用掌握的规则得出正解,实现监督学习。例如,用大众的观点来分辨男女,一般情况下,短发的普遍是男性,长发的普遍是女性,穿裙子的普遍是女性,光膀子的普遍是男性,等等。用这样的大众普遍规则让计算机自动对男女性别进行识别,监督数据中包括男性特征和女性特征的相关信息。

另一种情况是,数据中原本就带有答案的标志。假设把在五台山和狼牙山拍摄的照片放在一起,除非拍摄的是著名的地标性标志,否则都是绿林草丛,很难作出正确判断。当人类看到都是树或花的照片,根本无法确定拍摄地点。但是,这些照片形成的数据中却包含了正确答案的信息。因此,可以把在五台山和狼牙山拍摄的照片作为监督数据输入计算机中。

这两种情况充分说明了监督学习的使用条件,如图1.7所示。

图1.7 监督学习的场景

通过这两个使用条件,监督学习最终实现两个主要任务,一是回归,二是分类。

回归预测的是连续的、具体的数值。例如,不同的人因为不同的信用,最终在银行获得的贷款数额和还款期限都会有所不同,而信用值也是跟某些维度有关系的,如工资情况、年龄、学历、职业等。接下来构建公式,把所有的维度和贷款等级形成关联。这样,当有一个新的用户数据时,就可以套用到这样的关联公式中,计算出最终的贷款等级。

分类是将各种事物分门别类,用于离散型数据的预测,如男、女的识别分类,五台山、狼牙山的识别分类,都属于离散型数据预测。

回归型预测在图像上表现出一条线型,分类型预测在图像上表现出离散的点,如图1.8所示。

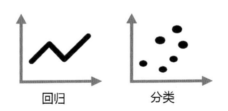

回归 分类

预测连续、具体的数值 预测非连续、离散的数值

图1.8 监督学习研究的问题图像

为了完成回归或分类的主要任务,监督学习也会分成两个部分:一是通过监督学习监督数据的构建规则,二是利用构建的规则进行推测。前者的阶段称为学习阶段,后者的阶段称为预测阶段。也就是说,计算机在学习阶段通过学习监督数据构建规则,在预测阶段利用构建的规则对新数据进行预测。

设想一下,吃早餐的时候,一般都是面食配流食,例如油条配豆浆,包子配小米粥,面包配牛奶。现需开发一台"输入早餐面食后,可以输出流食名称"的计算机,协助选择早餐搭配。

针对早餐搭配,可以设想具体的组合。

输入油条,输出豆浆

输入油条、包子,输出豆浆

输入包子,输出小米粥

输入包子、面包,输出牛奶

输入面包,输出牛奶

当然,仅仅以实现这5种输入和输出为目的,就没有必要进行机器学习了,计算机还需要做到在输入既定的5种组合之外的搭配后,也能够进行推荐。

监督学习究竟如何进行,下面进行具体说明。

首先向计算机输入表1.1的数据形式,表中的行表示输入的面食种类,列表示输出的流食名称。

表1.1　早餐搭配的面食与流食数据

面食	流食		
	豆浆	小米粥	牛奶
油条			
包子			
面包			

计算机需要学习的是豆浆、小米粥、牛奶与匹配油条、包子、面包间的关联程度。关联程度指的是当输入早餐面食时,从3种流食中选择其中一种输出的概率。

在表中有关联的维度行列交叉空白处以圆点符号(●)表示关联程度。计算机结合监督数据,对照模型使用圆点符号练习填空题,以此来调整早餐搭配的关联程度。

计算机按照顺序依次学习监督数据。首先是"输入油条,输出豆浆",见表1.2。

表1.2　早餐搭配监督学习第一条数据匹配

面食	流食		
	豆浆	小米粥	牛奶
油条	●		
包子			
面包			

这条信息说明计算机学习到了油条和豆浆的联系。接下来继续学习"输入油条、包子,输出豆浆",按照前面一条的规则,应该在对应的行列交叉处填入圆点,见表1.3。

表1.3　早餐搭配监督学习第二条数据匹配

面食	流食		
	豆浆	小米粥	牛奶
油条	●●		
包子	●		
面包			

然后是"输入包子,输出小米粥",在包子和小米粥的行列交叉空白处填充圆点。但如果这样做了,就会出现这种情况:包子和豆浆、包子和小米粥的行列交叉处的圆点数量相同,这里即使输入"包子",计算机也未必能识别并输出"小米粥"。为了避免和监督数据冲突,必须消除包子和豆浆之间的

联系,只在包子和小米粥的行列交叉处填充圆点,这样处理之后,输入"包子",计算机就会自动输出"小米粥",见表1.4。

表1.4 早餐搭配监督学习第三条数据匹配

面食	流食		
	豆浆	小米粥	牛奶
油条	●●		
包子		●	
面包			

从这样的规则中可以看到监督数据记录的输入和输出不断组合,决定的条件会与出现部分的学习成果相矛盾,计算机会在保证两种学习结果的情况下进行调整。机器学习也是在这种反复调整的情况下不断学习的。

接下来继续学习,"输入包子、面包,输出牛奶",同样的规则,同样的矛盾情况,在这一条的学习中,清除包子和牛奶的关联,标记面包和牛奶的关联,见表1.5表示。

表1.5 早餐搭配监督学习第四条数据匹配

面食	流食		
	豆浆	小米粥	牛奶
油条	●●		
包子		●	
面包			●

最后学习"输入面包,输出牛奶",没有什么矛盾的地方,直接记录学习,见表1.6。

表1.6 早餐搭配监督学习第五条数据匹配

面食	流食		
	豆浆	小米粥	牛奶
油条	●●		
包子		●	
面包			●●

由每个表的流程构成的学习过程可以知道,监督学习就是依次学习监督数据,并对规则进行细微调整的学习方法。由人类设计计算机学习的"基础"数据,将其输入计算机。"基础"数据的规则就是我们所说的"模型",计算机通过监督数据所学的内容反映到模型之中。在最初的有限数据中,人类给计算机输入的模型并不能反映出监督数据,计算机需要基于监督数据不断对人类给予的模型进行调整。这就是"学习"的过程。计算机完成学习之后所形成的模型能够反映出监督数据。再往后,根据这个模型,计算机就可以对未知数据进行准确预测。

2.无监督学习

无监督学习,顾名思义,即无须给出监督数据就能进行机器学习的方法,它与监督学习可以对比着来看。

监督学习是一种有目的的、明确的训练方式,可以知道最终会得到什么;无监督学习则是没有明确目的的训练方式,无法提前知道最终结果是什么。由于监督学习目标明确,因此可以衡量效果;而无监督学习几乎无法量化效果如何。再者,监督学习需要给数据打标签,无监督学习不需要给数据打标签。

使用没有提供明确目的的数据时,常见的问题表现在会将数据进行集群化,也就是把数据分割成若干个小团体。数据集群化也称为聚类,根据分类对象集合而成的集合体称为集群。

"输入某个早餐面食名称,输出早餐流食名称"是在讨论一个分类的问题,也是监督学习的范畴,监督学习相当于解决"分类"的课题。无监督学习作为与监督学习不同的一种学习方法,在进行聚类时可以发挥积极作用。分类和聚类这两个词很容易被混淆。关键在于聚类得到的集群1和集群2中汇集的数据具有何种特征,需要人类根据其内容进行类推,可能推出的"早餐搭配"组合是价格的高低,也可能是营养的搭配,都是人类根据最终的内容结果倒推其意义所在。

无监督学习本质上是一个统计手段,在没有标签的数据里可以发现潜在的一些结构。例如,有些人利用违法行为进行"洗钱",洗钱行为跟普通用户的行为是不一样的。如果人为去分析是一件成本很高、很复杂的事情,这里可以先通过这些行为的特征维度对这些用户数据进行聚类,找到那些行为异常的用户,然后再深入分析行为的异常之处,继而判断是否属于违法洗钱的范畴。

这里实践一下聚集式聚类,把相似的对象聚集在一起的聚类法就是聚集式聚类,也叫"自下而上型聚类"。

为此次实践准备以下五句话作为学习数据。

(1)抽根烟,喝杯酒。

(2)点着一根烟,然后悠闲地喝一杯酒。

(3)抽烟、喝酒和烫头是我的三大爱好。

(4)如果也能烫个头,那该有多好。

(5)现在烫头的价格挺贵的。

这些数据也被称为"学习数据"或"监督数据",都是人类事先存储到计算机中的数据。

进行聚类的第一步,是把这些孤立的句子全部视为不同的集群。也就是说,每一句话形成一个集群,一共有5个集群。接下来,需要将与之相似的集群对象按照顺序进行组合。这里将"各句中包含的名词一致的数量"看作"相似度",把"包含相同名词数量最多"定义为"最相似"。把句子(1)至(5)中每句含有名词的标记为"〇",见表1.7。

表1.7　抽烟喝酒聚类名词记录

句子	烟	酒	头	价格
1	〇	〇		
2	〇	〇		
3	〇	〇	〇	

续表

句子	烟	酒	头	价格
4			○	
5			○	○

先看句子1对应句子2至5的相似度。根据句子中出现相同名词的个数,句子1、句子2与句子3的相似度是"2",与句子4的相似度是"0",与句子5的相似度是"0",见表1.8。

表1.8　抽烟喝酒聚类名词记录第一句与后几句的相似度

句子	与句子1的相似度
2	2
3	2
4	0
5	0

接下来看句子2,与句子3的相似度是"2",与句子4的相似度是"0",与句子5的相似度是"0",见表1.9。

表1.9　抽烟喝酒聚类名词记录第二句与后几句的相似度

句子	与句子2的相似度
3	2
4	0
5	0

可按照相同的处理方法计算出所有组合的相似度。最终可以得出,最相似的集群是相似度为"2"的句子1集群、句子2集群、句子3集群,同样存在相似度为"1"的句子4集群和句子5集群,如图1.9所示。

图1.9　抽烟喝酒聚类第一次的相似度匹配

最初5个集群都只包含一个句子,通过查找各句中相同名词数量最多的句子,能够找到最相似的集群。现在存在含有若干句子的集群,句子1、句子2和句子3形成的集群A,句子4和句子5形成的集群B,但是,现在的集群还可以继续进行相似度的比较。

集群A和集群B之间进行句子相似度对比,见表1.10。

表1.10 抽烟喝酒聚类名词记录两类集群的相似度

集群	与集群A的相似度
集群B	0

虽然句子的相似度为"0",但因为没有其他集群比较,现在就变成这两个集群最为相似,本来没有任何相似度也会被合并,合并后结束聚类,如图1.10所示。

图1.10 抽烟喝酒聚类第二次的相似度匹配

从结果上看,最终由于聚集型聚类会把全部的独立元素集中在一起,所以需要在适当的时候予以终止,可以通过迭代次数或指定集群数量来控制聚类的结果。

无监督学习的聚类,其基本目标在于"将数据分成集群",但绝不等同于"只要将数据输入,就一定能做好聚类",必须结合目标反复进行试验。如果预测的结果与聚类得出的结果不符,则可以尝试改变集群数量,或者采用其他手段。

3.强化学习

强化学习,理论上来说就是对某种状态下的各种行动进行评价,并借此主动学习更好的行动方式。通俗一点又叫试错学习,由于没有直接的指导信息,所以通过试错的方式来获得策略。在象棋的博弈中,每一个棋步组成的策略决定了是否能赢得比赛,但唯一的反馈是在最后赢得或输掉棋局时才产生的。强化学习可以通过不断的探索和试错,获得下一步该如何走棋的策略,并在每个状态下都选择最有可能获胜的棋步。

试探性地做出某种行动后,通过观察其结果的好坏对"该如何进行下一步行动"的内在规则加以改善,其实人类积累经验的方式也是如此。强化学习不会像监督学习那样给出明确的答案,但是人类会给予其行动的选项,以及判断该行动是否合理的基准。

曾经有这样一个故事,一个富翁说:"如果谁能跳到鳄鱼池中从这个岸边游到对岸,就把女儿嫁给他",这有两种选择,一种是跳下去,拼了老命游到对岸,或者被鳄鱼吃掉,或者娶富翁的女儿;另外一种选择是站着不动,既不会被鳄鱼吃掉,也不可能娶到富翁的女儿。但选择了站着不动,心中也会歇斯底里地幻想一下,一旦鳄鱼游得慢,或者鳄鱼对自己根本就不感兴趣,那不就能娶到富翁的女儿了吗。故事中确实有一个小伙子下去了,并且成功游到了对岸,虽然上来的第一句话是:"刚才谁把我推下去的!",但他还是活着上来了,鳄鱼可能没理他。从强化学习的观点来看,站着看热闹的做出了"所掌握的规则效果不佳"的判断,降低了跳下去的概率,提高了站着不动的概率。

从故事回到生活中,房子是生活的必需品。从没有自己的房到有自己的房,要么全款买,要么贷款买,要么继承……可以有很多途径。根据选择的方式不同,"花钱的多少"也会发生变化。多数情况下,不能把所有的从无房到有房的流程都体验一次,继承、全款买、贷款买等方式只能选择其中一条路线。

如果谈哪一条路线有更高的压力指数,也是很容易想到的,继承的没有什么压力,全款买房的在买房的那一刻花了很多钱,如果经济不是很宽裕,可能要苦几年,贷款买房的首付款也花了很多钱,后面还有还贷的压力。除了压力指数外,再谈一下花销之后的盈余,房产都是有使用年限的,继承的房产从你继承之日起,可能后面的年限也不多矣,还要面临房产到期后的问题。全款买房的苦了几年后,不但在生活上有了一定的盈余,还可能获得房产的增值。贷款买房虽然承受还贷的压力,但是也会获得房产上的增值。从强化学习的观点来看,存在"积累报酬"的思维方式——不局限于眼前的蝇头小利,而是着眼于长远目标,为实现利益最大化而不断进行学习,更易选择最佳行动。当然,这个例子旨在形象理解强化学习的选择,同时也忽视了经济条件的限制。如果全款也买不起房,贷款也没有偿还能力,继承也没有先决条件,就只能租房。不过强化学习也会根据地段"积累报酬"的方式学习到在哪一个地方租房更划算。

"积累报酬"也不是强化学习中单纯的思维方式,强化学习同时还具有"折算累计回报"的思维方式,即认为未来的可得报酬会有所减少。同样,放到无房产到有房产的案例中,贷款买房的房解决了,但还贷的数额也是个数字。"在处于某一个状态时,接下来采取哪一个行动"这一问题,可以稍微转换为"进行到下一个状态后,能获得多少折算累计回报"来给出答案。这也有助于对强化学习的进一步探讨。

借用象棋的思维,最终的胜负决定着自始至终的每一步行动,相当于胜利时获得报酬,失败时没有报酬。由此可以逆推,即可对应所有行动确定其应获得的报酬。

强化学习是机器学习中一个非常活跃且有趣的领域,相比其他学习方法,强化学习更接近生物学习的本质,因此有望获得更高的智能。

1.4 深度学习

随着AI的流行化,对AI技术的研究也是"深一脚,浅一脚"地前行。所谓的"深",是指结构化地、高效地、有针对性地解决问题,而"浅"是指处理问题中发生的无结构且低效的解决方法。"深度学习"也属于机器学习的一种方法,与以往的机器学习比较起来,深度学习在多数情况下能发挥出更强大的性能。人工智能、机器学习、深度学习三个词汇的关系如图1.11所示。

图1.11　人工智能、机器学习、深度学习的关系

机器学习可以分为监督学习、无监督学习和强化学习三种，深度学习是可以适用于上述三种学习方法中的一种方法。深度学习的出现，使机器学习极其擅长处理一定规则下只有一个正确答案的课题。例如，英语翻译成汉语，很多时候不同的语境翻译出来的意思有很大的不同，并不是千篇一律的翻译结果，深度学习在这一方面取得了很大的突破。

深度学习在学习过程中会进行多种类、多阶段的验证。"指鹿为马"的典故继续用在这里，如果要判断照片上是马还是鹿，就会进行"脑袋上是否有犄角""身上是否有纹路""蹄子是否需要打掌"等诸多验证。计算机也会在多次验证后，将得到的结果运用于其他验证。

1.4.1　深度学习起源于感知机

感知机是深度学习的起源算法，是指系统接收多个输入，回复一个输出。输入的是数值，输出的是0和1，在输入和输出的中间过程中会对输入值进行加权处理，如图1.12所示。

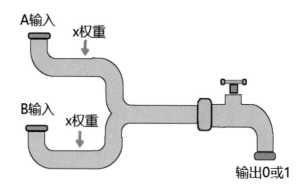

图1.12　深度学习的感知机原理

深度学习系统会将输入值进行加权后再合计，输出端对该合计值进行判断，并输出0和1。权重可以理解成水管的精细程度。从A输入处输入的数值，根据软管的精细程度，也就是权重数值，经过改变后再输送至输出处。B输入也会经历同样的过程。受到A、B输入中X权重影响而被送至输出处

的输入值,在输出的地方经合计后,最终确定输出0或1。在输出的地方会设定一个阈值,超出则输出1,否则输出0。假设从A输入处注入120mL水,B输入处注入80mL水,输出的条件为"若达到300mL,则输出1;否则输出0"。

随着A和B的权重不同,输出值也会不同。现在设定A的权重为1,B的权重为2,A输入处注入的120mL水通过权重为1的软水管,B输入处注入水量就有两个80mL。如此一来,输出处从A处接收到120mL,从B处接收到两个80mL,最终输出处共接收280mL的水。根据输出条件"若达到300mL,则输出1,否则输出0",决定最终输出的值为0。

再重新设定A的权重为2,B的权重为1。A输入处注入的120mL水通过权重为2的软水管,B输入处注入的80mL水,通过权重为1的软水管,这样的设定使输出处从A处接收到两个120mL,也就是240mL,从B处接收到80mL,最终输出处共接收320mL的水,同样根据限定条件,最终输出的值为1。

在深度学习中,权重是一个指标,通过权重对相关的输入值进行考量,最终的输出结果跟权重也有一定的关系,通过深度学习,学到的正是软水管的精细程度,也就是权重值。

不过,从实验的角度,注入和开关水管的时候,软水管内壁都可能会使水量在测量值方面有一定的误差。320mL和300mL水量的比较,280mL和300mL水量的比较,可能就在一些误差操作中产生了微小的变化。所以,作为判定基准的"300mL"会有所调整,把对应"300mL"所表现出的误差部分就称为"偏差"。顾名思义,它会使C的条件产生偏差。这里设定偏差值为"-300mL",也就是丢弃300mL水。此时,A处注入的120mL水与B处注入的80mL水各自根据自己的权重变化而变化,现在输出的条件为"合计值大于0,则输出1,合计值小于0,则输出0",A的权重为1,B的权重为2,则合计到输出处的水量为280mL。根据偏差规定,丢弃300mL。最终水量变为-20mL,达不到合计值0,则输出0。如果把A的权重设为2,B的权重设为1,输出的条件不变,则合计到输出处的水量为320mL。丢弃300mL,水量变成20mL,达到了合计值大于0,则输出1。

设置偏差更有利于深度学习的后续操作,因此这种形式更为普遍。

1.4.2　通过激活函数实现微调

在水流问题的讨论中,输出限定了一个条件"合计值大于0,则输出1,合计值小于0,则输出0"。其实这句话相当于一个过滤器,水量大于0,输出1,水量小于0,输出0,一刀将水流合计值断成两类。这里把输出的数值加以改变的过滤器称为"激活函数"。

激活函数种类繁多,它可以实现只输出0和1的二分类;也可以实现输出0.001、0.002、0.003等数值,有无数种可能性。输出无数种可能的网络被称作"神经网络"。神经网络的第0层是"输入层",最后一层是"输出层",位于输入层和输出层之间的被称为"隐藏层",如图1.13所示。

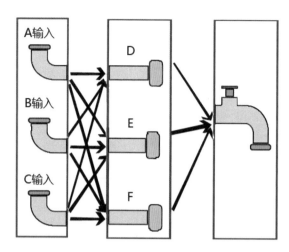

图 1.13　深度学习的神经网络结构

深度学习指的是神经网络的逐渐深入。究竟深入多少层才能称为深度学习,还没有一个准确的定义。目前,将隐藏层为两层及以上的神经网络的学习称为深度学习。

1.4.3　深度学习的输出层

谈及输出层时,一般情况下都是指集中于单一数值的情况,但也不是绝对的。例如,手写数字识别这样的项目,若只想判断输入的对象是否为1,那么就将输出层的数值个数设为1,输出层输出的值是"输入的手写体文字为1的概率"。如果改变一下思维,判定输入的手写体文字是0~9的哪一个概率更大一些,就需要将输出层的数值个数设定为10个。于是,输出层就有了"输入的手写体文字为0的概率""输入的手写体文字为1的概率""输入的手写体文字为2的概率"等概率输出。

1.5 人工智能相关概念

无论使用机器学习研究人工智能,还是使用深度学习研究人工智能,都涉及一些概念,在这里做一下介绍。

1.5.1　训练数据集

机器学习和深度学习都离不开训练数据集。训练,即有计划、有步骤地锻炼某种技能,运动员在大型比赛之前都有一个集中训练的过程,要想在比赛中取得好成绩,必须要训练,数据也是如此。那些已知的用于模型拟合的数据样本,专业名称为训练数据集。

"指鹿为马"中已知的鹿和马的照片就是训练数据集,手写数字识别中每个已知的手写数字也是训练数据集。

1.5.2　验证数据集

　　机器学习和深度学习中的"学习"跟我们的上学其实是差不多的,学习了很多的知识,需要做家庭作业来检验学习成果,机器学习和深度学习也要做家庭作业。作业相当于验证数据集,用来验证机器学习和深度学习的学习效果,是模型训练过程中单独留出的样本集,它可以用于调整模型的超参数和对模型的能力进行初步评估。

　　对于家庭作业来讲,是有一个分数作为参考的,对应于机器学习和深度学习,分数就是验证数据集的准确率。如果机器学习和深度学习验证集的准确率达到95%以上,就能产生很好的验证效果。不过很多时候,由于数据不典型、模型使用不当等问题,致使验证集的准确率达不到95%以上,这就需要去找原因、找方法,就像你的作业总是不及格,就要从学习方法等方面去找原因是一样的。

1.5.3　测试数据集

　　机器学习和深度学习的学习成果就是使研究的问题得以解决。测试就相当于机器学习和深度学习的大考,用机器学习和深度学习在学习过程中从未接触过的数据来对模型进行测试,考察模型的泛化能力。

1.5.4　过拟合和欠拟合

　　机器学习和深度学习是用训练数据集进行学习,用验证数据集进行验证,再用测试数据集进行测试。这就存在训练数据集、验证数据集、测试数据集三者的逻辑关系,如果训练数据集训练的效果非常好,验证数据集也表现得不错,但在测试数据集中表现得很差劲,这就出现了过拟合的情况,是由于过分依赖现有训练数据集的特征造成的,如图1.14所示。

　　如果训练数据集训练出来的模型过于简单,无法拟合或区分样本,没有识别测试数据集的特性,又会出现欠拟合的情况,如图1.15所示。

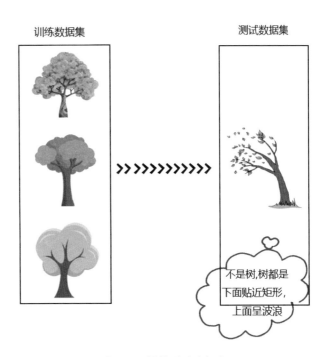

图 1.14　树模型的过拟合

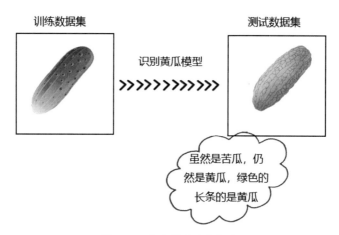

图 1.15　黄瓜模型的欠拟合

　　例如,只从形状和部分颜色上来区别黄瓜与苦瓜,就会出现欠拟合的现象,无法分辨清楚黄瓜和苦瓜。

　　欠拟合、拟合和过拟合都是对训练数据集中数据点的拟合情况,三者的比较如图1.16所示。

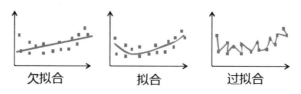

图 1.16　欠拟合、拟合、过拟合图像对比

　　训练数据集、测试数据集、验证数据集、欠拟合、过拟合等概念一直都是人工智能中深度学习和机器学习研究问题的关键元素。

1.6　人工智能学习方向概览

　　人工智能可以说是一门高尖端的学问,也是一门难度很大的学科,综合了社会科学和自然科学,并涉及数学、心理学、神经生理学、信息论、计算机科学、哲学和认知科学、不定性论及控制论。其研究范围更是广泛,包括自然语言处理、机器学习、神经网络、模式识别、智能搜索等。其应用涉及机器翻译、语言和图像理解、自动程序设计、专家系统等,如图1.17所示。

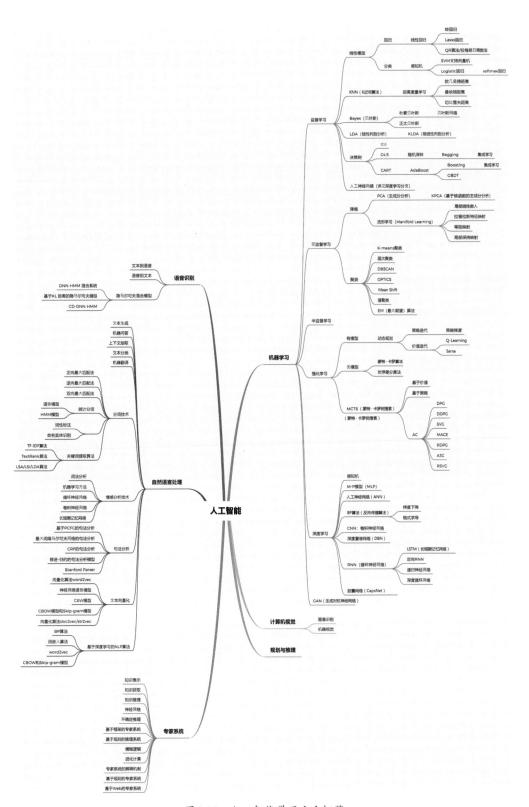

图 1.17   人工智能学习方向概览

因此,现在是进入人工智能领域的大好时机。人工智能在计算机领域得到了广泛的重视,相信未来的应用前景会更加美好。

1.7 本章小结

本章主要带领读者认识人工智能,并了解机器学习、深度学习,理解人工智能学习方面的一些概念,最后对人工智能的发展方向做阐述。旨在通过机器学习、深度学习相关的理论使读者对人工智能的学习手段有一些了解,并在后续的专项领域能进行更深入的了解。

人工智能在当今社会越来越热门,许多行业都挂上了AI的名号,AI几乎成为所有互联网技术公司必须具备的基因。也许忽如一夜春风来,千树万树人工智能花儿开,对人工智能总体的把握也是步入人工智能之门的第一步。

## 第2章

Python 语言基础介绍

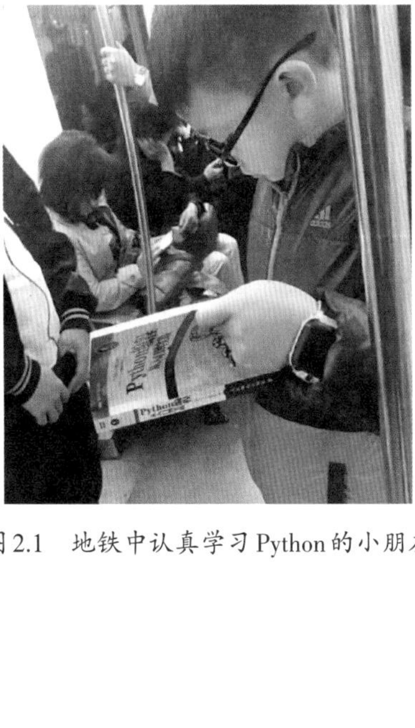

地铁是公用的交通工具,在地铁的一角,一个戴着眼镜的小朋友正在看Python方面的书籍,如图2.1所示,证明Python的学习已经从娃娃开始。

图2.1 地铁中认真学习Python的小朋友

2.1 Python 编辑环境的搭建

Python 由荷兰数学和计算机科学研究学会的吉多·范罗苏姆于1990年初设计,Python 作为一门语言,目前已支持所有主流操作系统,Linux、Unix、MacOS 系统中都自带 Python 环境,可以直接使用。

在 Windows 系统上,需要下载安装程序去安装,安装 Python 环境的步骤如下。

2.1.1 搭建 Python 运行环境

(1)可以从官方网站上下载程序,直接搜索 Python 官网,就可以从网站上面下载程序,如图2.2所示。

图2.2 官网上的 Python 包下载页面

(2)从图2.2中可以看出,最新的安装包是 Python 3.8.2,通过笔者实践,Python 3.8.2 在安装第三方模块时会遇到一些问题。把官方页面向下滚动,会有 Python 3.6.7 版本,使用这个版本的好处在于,开发过程中遇到问题可以百度解决,如图2.3所示。

图2.3 Python 版本的下载列表页面

（3）单击图 2.3 中的"Download"按钮，就进入了 Python 3.6.7 的下载页面，如图 2.4 所示。

Python 3.6.7
Files

Version	Operating System	Description	MD5 Sum
Gzipped source tarball	Source release		c83551d83bf015134b4b2249213f3f85
XZ compressed source tarball	Source release		bb1e10f5cedf21fcf52d2c7e5b963c96
macOS 64-bit/32-bit installer	Mac OS X	for Mac OS X 10.6 and later	68885dffc1d13c5d24699daa0b83315f
macOS 64-bit installer	Mac OS X	for OS X 10.9 and later	fee934e3251999a1d353e47ce77be84a
Windows help file	Windows		a7caea654e28c8a86ceb017b33b3bf53
Windows x86-64 embeddable zip file	Windows	for AMD64/EM64T/x64	7617e04b9dafc564f680e37c2f2398b8
Windows x86-64 executable installer	Windows	for AMD64/EM64T/x64	38cc47776173a45ffec675fc129a46c5
Windows x86-64 web-based installer	Windows	for AMD64/EM64T/x64	6f6b84a5f3c32edd43bffc7c0d65221b
Windows x86 embeddable zip file	Windows		a993744c9daa6d159712c8a35374ca9c
Windows x86 executable installer	Windows		354023f36de665554bafa21ab10eb27b
Windows x86 web-based installer	Windows		da81cf570ee74b59d36f2bb555701cfd

图 2.4　Python 3.6.7 的 Windows 版下载页面

（4）选择图 2.4 中圆圈指示的版本，下载成功后双击打开文件进行安装即可。打开安装界面后，选中"Install launcher for all users（recommended）"复选框，然后单击"Customize installation"链接自定义安装，如图 2.5 所示。

（5）下一个显示了一些可选的项，如文档、pip 工具、test 测试等。这里保持全部默认选中即可，然后单击"Next"按钮，如图 2.6 所示。

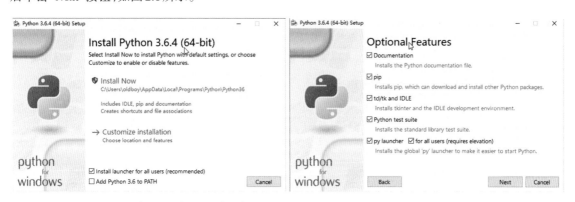

图 2.5　Python 安装方式选择界面第一步　　　　图 2.6　Python 安装组件选择界面

（6）接下来是选择安装路径，一般情况下，最好是自己创建一个新的路径去存储安装文件，这样在后面配置 Python 环境变量时容易找到这个路径。单击"Install"按钮开始安装，如图 2.7 所示。

（7）完成以上步骤之后，Python 就开始安装了，如图 2.8 所示。

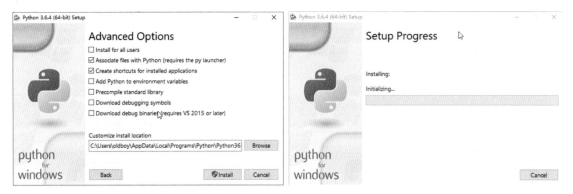

图2.7　Python安装路径选择界面　　　　　图2.8　Python安装进度条界面

（8）当进度条走到100%的时候，安装就完成了，如图2.9所示。

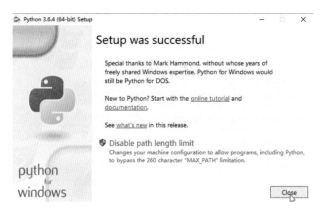

图2.9　Python安装成功界面

2.1.2　Python环境变量的设置

下载的Python文件安装完成之后，进行环境变量的设置。

（1）单击电脑的"控制面板"→"系统和安全"→"系统"→"高级系统设置"→"环境变量"→在"系统变量"列表中找到"Path"并双击，如图2.10所示。

（2）在"编辑环境变量"的对话框中单击右边的"新建"按钮，将安装的Python文件路径加进来，如图2.11所示。

图 2.10　Windows 环境变量的设置界面　　　　图 2.11　Windows 编辑环境变量的界面

至此,Python的环境变量就配置好了,依次在每一个打开的对话框中单击"确定"按钮即可。

2.1.3　PyCharm 编辑工具的安装

PyCharm 是一款功能强大的 Python 编辑器,具有非常好的跨平台性,在对 Python 进行程序设计时,我们可以使用这个工具进行Python代码的编写,下面就先介绍一下 PyCharm 的具体安装方法。

（1）访问PyCharm的官网地址,下载PyCharm程序。进入地址后,看到如图2.12所示的界面。

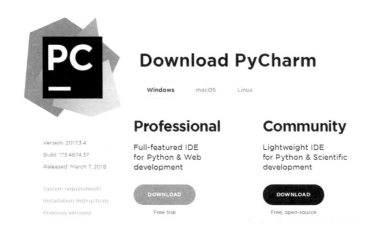

图 2.12　PyCharm 官方网站图

这里的版本有Professional(专业版)和Community(社区版),推荐安装社区版,因为是免费的。

（2）下载好文件后，双击安装，首先出现软件欢迎界面，如图2.13所示。在欢迎界面中，直接单击下面的"Next"按钮进入下一个界面。

（3）在这个界面中可以修改程序安装的路径，PyCharm需要的内存较多，不建议安装在C盘，可以修改安装目录，如图2.14所示。修改好安装目录后，直接单击"Next"按钮进入下一步。

图2.13　PyCharm安装欢迎界面　　　　　　　图2.14　PyCharm安装路径选择界面

（4）接下来，根据自己的电脑选择32位还是64位，现在基本上都是64位的系统，这里可以选择64位系统。选择对应的选项之后，就可以直接单击"Next"按钮进入下一步，如图2.15所示。

（5）这一步操作会在你的程序中建立一个应用文件夹，然后把应用程序放在程序的文件夹下，这样程序的启动是比较方便的。直接单击"Install"按钮进入下一步，如图2.16所示。

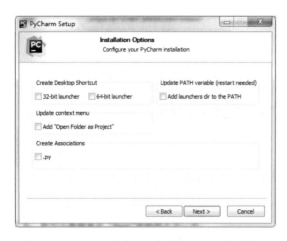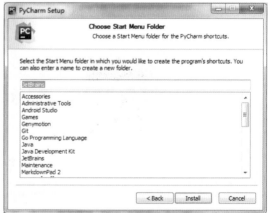

图2.15　PyCharm安装过程中选择电脑位数的界面　　　图2.16　PyCharm安装的程序名称界面

（6）在这一步的安装界面，进度条会显示整个安装过程，如图2.17所示。

（7）当进度条从左边走到右边的尽头时，就表明安装任务已经完成。此时会进入安装成功的界面，如图2.18所示。单击"Finish"按钮，完成PyCharm的安装。

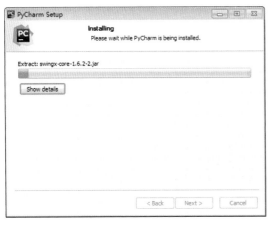

图 2.17　PyCharm 安装过程界面　　　　　　　图 2.18　PyCharm 安装完成界面

2.1.4　启动 PyCharm 工具

（1）双击桌面上的 PyCharm 图标，可以进入图 2.19 所示的界面。这个对话框是询问从哪里导入 PyCharm 设置，这里可以选中"Do not import settings"单选按钮，然后单击"OK"按钮进入下一步。

（2）下一个界面是安装软件的惯例，要同意用户协议的相关声明，如图 2.20 所示。在对话框中选中"I confirm that I have read and accept the terms of this User Agreement"复选框后，单击"Continue"按钮，进入下一步。

图 2.19　PyCharm 启动界面(1)　　　　　　　图 2.20　PyCharm 启动界面(2)

（3）进入数据分享对话框，这一步的界面相当于做一个"问卷调查"，看自己愿不愿意将信息发送到 JetBrains 来提升他们程序的产品质量，如图 2.21 所示。单击"Send Usage Statistics"或"Don't send"按钮，进入下一步。

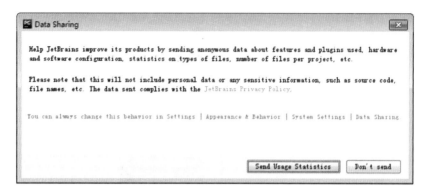

图2.21　问卷调查界面

（4）这一步界面显示的是编辑器的样式，即你想在什么样的编辑器样式下来进行代码的编写，如图2.22所示。这种样式也有一个美称，叫作皮肤。

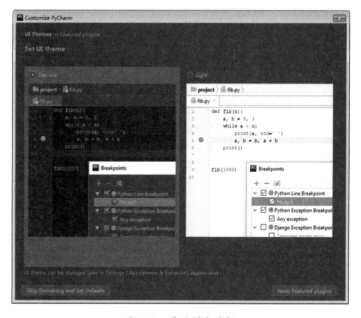

图2.22　界面样式选择

皮肤的选择上，建议选择Darcula主题，相对来说对眼睛会好一些。当然，也可以单击对话框下方的"Skip Remaining and Set Defaults"按钮来跳过设置，直接进入下一步。

（5）这一步是程序许可使用的激活对话框，如图2.23所示。

这步的激活方式分为以下3种。

①JetBrains Account 账户激活。

②Activation code激活码（推荐）。

③License server授权服务器激活（推荐）。

如果没有激活码，则可以使用Evaluate for free，一般可以免费试用30天。

（6）激活后，就出现了 PyCharm 的启动界面，如图 2.24 所示。

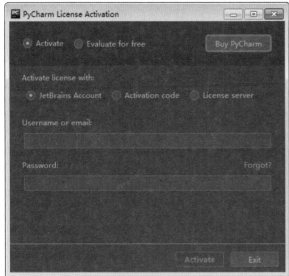

图 2.23　激活对话框　　　　　　　　　图 2.24　PyCharm 启动界面（3）

2.1.5　PyCharm 创建第一个 Python 程序

（1）PyCharm 开发编辑工具启动后，需要创建一个新项目，选择菜单项"File"下的"New Project"选项，如图 2.25 所示。

（2）在出现的对话框中新创建项目的默认名字是 untitled，可以把这个项目名称换成其他的名称，如图 2.26 所示，将 untitled 改为 myworld，单击对话框下边的"Create"按钮。

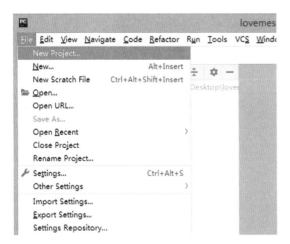

图 2.25　新项目界面　　　　　　　　　图 2.26　为项目命名界面

（3）接下来，PyCharm会弹出一个对话框，询问是否要新建窗口打开项目，还是在当前窗口中打开项目，如图2.27所示。如果在当前窗口中新建这个项目，则单击"This Window"按钮；如果在新窗口中新建这个项目，则单击"New Window"按钮。由于我们选择在当前窗口中新建这个项目，所以单击"This Window"按钮。

（4）单击后，就进入了PyCharm的项目窗口，窗口左边会显示创建的项目名称，右击项目名称，先在出现的菜单中选择"New"选项，然后在其子菜单中选择"Python File"选项，如图2.28所示。

图2.27　打开项目的窗口确认

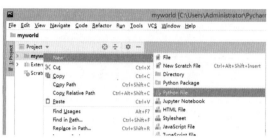

图2.28　新建程序文件

这时会出现建立新Python文件的对话框。

（5）在Python新文件的对话框中输入新建的Python文件的文件名，如图2.29所示。单击对话框下方的"OK"按钮，进入编辑文件的模式。

（6）在编辑文件模式下，输入代码如下：

```
print("你好,这个世界!")
```

如图2.30所示。

图2.29　为程序文件命名

图2.30　在程序文件中输入代码

（7）在左栏右击hello.py，选择"Run 'hello'"选项即可运行程序，如图2.31所示。

（8）运行后，在控制台输出图2.32所示的内容。

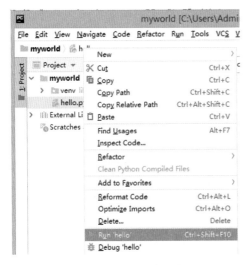

图2.31 运行程序文件

图2.32 显示程序文件结果

2.2 Python程序入门

Python作为一个编程利器，主要用于编写设计程序的代码。

谈到程序，首先要讲变量。变量就像是为事物起了一个名称，比如苹果、梨等，这样更有助于去分辨世界上的事物。

变量可以通过变量名访问，格式如下。

```
变量名 = 值
```

下面来尝试在代码中使用一个变量，代码如下。

```
message = "Python,机器学习研究的语言利器"
print(message)
```

这段代码中定义了一个名为message的变量。每个变量都存储了一个值，添加变量导致Python解释器需要做更多工作。处理message="Python,机器学习研究的语言利器"这行代码时，它将文本与变量关联起来；而处理print(message)这行代码时，它将与变量关联的值输出到屏幕。

运行这个程序，运行结果如图2.33所示。

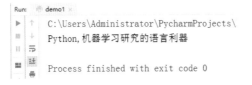

图2.33 Python使用变量功能的运行结果

由变量联系到周围的生活,点名的时候,张三、李四、王二麻子都是名字,但这些名字都是不同长度的中文组成的串值,在程序中它叫字符串,字符串可以理解成由一系列字符组成的串。

把变量放在程序中,程序会根据逻辑关系出现三种结构,即顺序结构、条件分支结构和循环结构。

2.2.1　顺序结构

顺序结构就是思考问题的时候,往往先把已知的内容设置好,这种设置的方式专业名称叫赋值,就是$a=2$这种形式,意思是把2赋值给a。然后去求解未知的内容,最后将求解的内容输出。

归纳如下。

(1)设置已知的内容。

(2)求解未知的内容逻辑。

(3)输出未知的内容。

将思路应用到数学问题的求解,如求圆的面积,必须先知道半径r的大小,然后才能用$3.14*r*r$将结果算出来,跟解方程是一样的,必须知道其中一个变量的值,才能求解出另一个变量。最后将求解的变量值输出,这就是顺序结构。计算圆的面积的代码如下。

```
r=10
S=3.14*r*r
print("圆的面积是:")
print(S)
```

代码中首先定义了圆的半径$r=10$,然后套用圆面积的数学公式求得圆的面积S,最终使用print输出语句输出圆的面积。运行结果如图2.34所示。

图2.34　计算圆的面积的运行结果

2.2.2　条件分支结构

在顺序结构的执行逻辑中也会出现转折点,就是分支控制语句。它的思路可以用图2.35所示的流程图来表示。

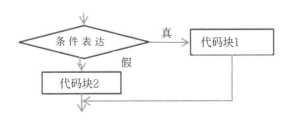

图 2.35 选择分支结构流程

流程图对应的分支语句语法结构如下。

```
if 条件表达式：
...代码块1...
else:
...代码块2...
```

下面再来看一下具体程序的实现代码。

```
import random    #导入random模块
boy=input("请输入boy的名字")
girl=input("请输入girl的名字")
lucky=random.randint(0,100)
if lucky>50:
    print("你们的姻缘系数为:%d%%,你们缘分很强"%lucky)
else:
    print("你们的姻缘系数为:%d%%,缘分系数虽小,仅供娱乐"%lucky)
```

代码中的 import 语句实现 Python 中模块的导入，在 Python 中导入一些内嵌的模块或是第三方开发的模块都是通过 import 语句来实现的。random 就是 Python 内置的随机模块，可以产生随机数字增加程序的未知性。接下来两句 input 语句实现控制台的输入，也是用户与计算机之间的交互，通过 input 可以使计算机识别出用户输入的内容。程序继而调用随机模块 random 中的 randint 产生随机整数。randint 后面的参数指明随机整数的区间范围，格式如 randint(1,100)，则表示产生左开右开 1 到 100 的随机数字。程序通过 randint 产生左开右开的 0 到 100 的随机数字后使用分支条件语句，根据产生数字的大小与 50 进行比较，如果大于则输出"你们的姻缘系数为:%d%%,你们缘分很强"，输出内容中的"%d%%"表示输出格式中字符意义的转义，"%d"表示输出的是整数，可以通过 print 语句中的"%lucky"决定其值的大小，"%%"表示输出的是百分号。最终程序的运行结果如图 2.36 所示。

图 2.36 Python 实现姻缘系统测试的运行结果

2.2.3 循环结构

程序逻辑中除了顺序和条件分支,还有一种逻辑就像听歌的时候循环播放,开车的时候一直在走一条你走过的路,上班的时候乘坐的还是昨天的那班地铁等。这是程序逻辑中的循环结构。

在循环语句中,经常使用的是for循环语句,其语法格式如下。

```
for 临时变量 in 可迭代对象:
    循环体
```

执行过程就是将每一个可迭代对象中的每一个元素赋给临时变量,再执行循环体。当可迭代对象中的元素全部遍历完后,for循环则停止运行。

这里提到了迭代,迭代是重复反馈过程的活动,目的是逼近所需结果。每一次对过程的重复称为"迭代",而每一次迭代得到的结果会作为下一次迭代的初始值。魔方就是生活中对迭代最好的应用,如图2.37所示。

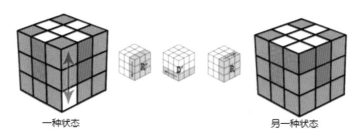

一种状态　　　　　　　　　　　　　另一种状态

图 2.37　迭代的魔方表示

魔方从一种状态到另一种状态,需要不断地转动魔方,每一次的转动都会影响前一次转动的效果,这就是一步一步迭代的过程。

下面使用for循环语句求1~100的数字和,代码如下。

```
sum=0
for count in range(1,100,1):
    sum+=count
print(sum)
```

注意,代码中的range(1,100,1)是指一个能够产生1到100内步长为1的数字,即1、2、3、4等。程序开始的sum=0定义了对100以内数字和的初始值,在for循环语句的循环体中,sum+=count实现了不断地累加count中的值,count变量中存储了1到100内的所有整数。程序最终输出sum的值。

循环语句中除了for语句外,还有while结构语句,其格式如下。

```
while 条件表达式:
    ...代码1...
    ...代码2...
    改变计数器的值
```

注意,这里提到了计数器,其作用是限制循环次数。while循环的执行流程是,如果条件表达式值为True,则条件成立,执行循环体中的代码块,执行结束后,再继续判断该循环的条件表达式是否成立,如果成立继续执行循环体。直到条件表达式的值为False,则中断循环,程序继续向下执行。

使用while语句来改写1~100的和,程序代码如下。

```
count=1        #计数器
sum=0          #统计和值,初值为0
while count<101:
    sum+=count   #累加
    count+=1
print(sum)
```

在这段代码中,首先count的数据被用作操作数,可以产生1到100的数据,再用sum+=count实现累加求和。sum的意义是存放1到100累加和结果的变量,每执行一次循环,计数器都会发生改变。同时计数器也是产生的数据,把count数据不停地累加到sum中,最终输出sum的值。

2.3 Python函数功能的实现

无论是顺序结构、条件分支结构还是循环结构,都是构建程序过程中的功能,相当于给飞机安装倒挡,给珠穆朗玛峰装电梯,给长城贴瓷砖,给黄河装护栏,给太阳装开关,给赤道镶金边……暂且不管这些功能是否能实现,举这些例子旨在说明计算机中的任何一个功能都需要程序来实现,而每一个功能都对应了程序设计中的函数。

函数其实就是一个功能。在日常生活中,常常需要很多便捷的功能,如叫外卖、打车、结账等,实际上都可以定义一个函数。比如想问一下"现在几点了",就可以先让计算机定义一个get_time函数,然后调用一下这个函数,就可以知道这个功能的执行结果,程序代码如下。

```
import datetime
def get_time():
    print(datetime.datetime.now())
if __name__=="__main__":
    get_time()
```

在这段代码中,datetime模块主要是处理时间的,跟之前接触的random类似,虽然功能不同,但都是Python标准库中的,前面提到过,标准库中的模块用import标识符去导入就可以使用了。这里用datetime标准库模块中的datetime日期和时间对象,在datetime日期时间对象中可以用now()来输出当前时间。其中__main__就是主程序的入口,加个条件语句if来进行逻辑控制,如果__name__程序执行的是__main__,那么就是主程序,在主程序中调用get_time()函数的功能。get_time()函数使用def来定义函数,def是Python中定义函数的关键字,def定义的get_time()函数中的功能语句用于输出当前的时间。程序运行结果如图2.38所示。

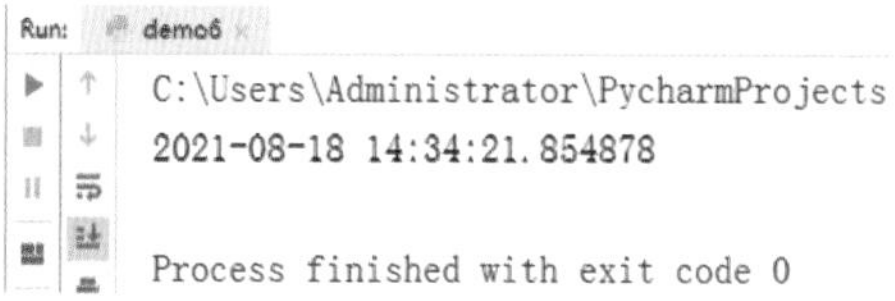

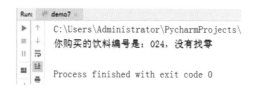

图 2.38　Python 实现获取当前时间的函数功能运行结果

前面定义的函数功能只是起到询问的作用,但有的时候不仅需要结果,还需要提供一部分信息做参考。比如现在普遍使用的饮料机,需要使用者输入饮料的编号,再进行扫码或投入适量的硬币,饮料才会从饮料口中掉落下来。如果用一个函数来模拟饮料机,就需要这个函数能够接收输入饮料的编号,接收饮料编号的过程叫作传参。定义函数时可以为函数传入一个参数 no,表示饮料的编号,还需要传入投入的硬币金额 coins。函数的功能是,如果投入的硬币金额 coins 等于饮料编号 no 的价格,比如这个价格是 3,就把编号 no 的饮料掉落下来。为此,可在函数定义 def get_drink() 的括号内添加 no 和 coins,这个 no 和 coins 就是函数 get_drink() 的参数。通过在这里添加 no 和 coins 参数,就可以让函数接受你给 no 和 coins 指定的任何值。调用 get_drink() 时,可将编号和投入的硬币金额传递给它,代码如下。

```python
def get_drink(no,coins):
    if coins==3:
        print("你购买的饮料编号是:"+no+",没有找零")
    else:
        print("你购买的饮料编号是:"+no+",找零为:"+str(coins-3)+"元")
if __name__=="__main__":
    get_drink("024",3)
```

代码 get_drink("024",3) 实现了调用函数 get_drink(),并向它提供执行 print 语句所需的信息。这个函数接受你传递给它的饮料编号和投入的钱币数,并输出饮料编号和找零。运行结果如图 2.39 所示。

图 2.39　Python 实现模拟饮料机函数传参的功能运行结果

这就实现了函数传参。

2.4　Python 数据类型的认识

数据类型是每种编程语言的必备属性,只有给数据赋予明确的数据类型,计算机才能对数据进行处理运算。Python 作为一种编程语言,也有自己的数据类型。

在 Python 语言中,基本的数据类型有数字类型、字符串型和布尔类型。

数字类型主要包括int(整型)、long(长整型)和float(浮点型)。

字符串类型是指在Python中加了引号的字符,其声明有三种方式,分别是单撇号、双撇号和三撇号;Python中的字符串有两种数据类型,分别是str类型和unicode类型。

布尔类型用于逻辑运算,有两个值:True(真)和False(假)。

Python中除了上面的基本数据类型外,还有4种复合类型,分别是列表、元组、集合和字典。

列表是Python中最常用的数据类型。列表由一系列按特定顺序排列的元素组成,可以创建包含字母表中所有字母、数字0~9或若干中文字符的列表;也可以将任何内容加入列表中,其中的元素可以没有任何关系。

在Python中,用方括号([])来表示列表,并用逗号来分隔列表中的元素。程序代码示例如下。

```
articles=["飞狐外传","雪山飞狐","连诚诀","天龙八部","射雕英雄传","白马啸西风","鹿鼎记"]
print(articles)
```

上面的简单代码是金庸的著作列表,如果用Python语句将列表打印出来,那么Python将打印列表的所有内部元素,包含方括号在内。

上述代码的运行结果如图2.40所示。

图2.40　Python实现金庸武侠书列表运行结果

这里打印的是列表的全部内容,列表是有序集合,可以访问其中的任何元素,只需将该元素的位置或索引告诉Python即可。Python中列表的索引位置是从0开始的。

比如,要访问金庸小说列表中的第2个索引,代码如下。

```
articles=["飞狐外传","雪山飞狐","连城诀","天龙八部","射雕英雄传","白马啸西风","鹿鼎记"]
print(articles[2])
```

通过代码示例可以看出,Python通过列表名[索引值]这种格式只返回该元素的值,代码的运行结果如图2.41所示。

图2.41　Python实现金庸武侠书列表的访问运行结果

可以遍历列表中的所有元素。遍历这个词就相当于对列表的每一个元素进行走访,要到每一个元素家里去串门,看看它到底是什么样的数据内容,然后在编码逻辑上可以对每个元素执行相同的操作。就像运动会开幕前每个运动队都需要被检阅,每个旅客登机前都需要办登机牌,每个食客吃完饭都需要结账。如果需要对列表中的每个元素都执行相同的操作,可使用Python中的for循环进行遍历。代码示例如下。

```
programmes=["歌曲:春天里","相声:迎春曲","歌曲:万爱千恩","歌曲:36度8","小品:招聘","歌曲:难忘今宵"]
for programme in programmes:
    print(programme)
```

这段代码首先定义了一个节目单列表programmes,然后用一个for...in循环结构让Python从列表programmes中取出一个节目名称,并将其存储在变量programme中,最后Python打印存储到变量programme中的名字。代码的运行结果如图2.42所示。

图2.42　Python列表实现晚会节目单遍历运行结果

元组从读写分离的意义上来讲,可以理解成一个只读的列表,列表是用方括号括起来的,元组是用圆括号括起来的。定义元组后,就可以使用索引来访问其元素,就像访问列表元素一样。

这里可以定义元组来实现公司公告的访问,代码示例如下。

```
notices=("公告1-公司办公区域不允许吸烟的规定","公告2-公司关于迟到早退的相关规定")
print(notices[0])
print(notices[1])
```

这段代码首先定义了元组notices,元组里存储了公司的相关公告。因为是元组,所以使用了圆括号而不是方括号。然后分别打印该公告元组里的每个元素,利用的是元组名称和索引值的结合。

既然元组是一个只读的列表,那么可以尝试一下修改元组中的元素值,代码如下。

```
notices=("公告1-公司办公区域不允许吸烟的规定","公告2-公司关于迟到早退的相关规定")
notices[1]="公告2-公司关于提前发放奖金的相关规定"
```

上述代码的运行结果如图2.43所示。

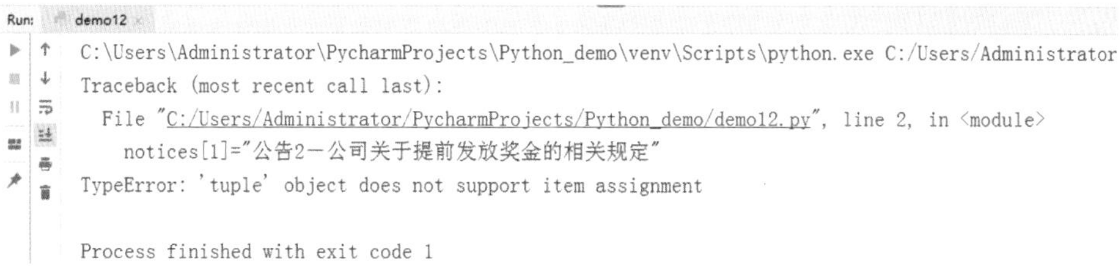

图 2.43　Python 实现元组引用修改的错误运行结果

代码试图修改 notices 元组中的第二个元素，Python 报告错误，这就达到了列表可读的效果。

元组既然是一个可读的列表，就可以使用 for 循环来遍历其中的所有值。

接下来谈的复杂类型是集合，集合中的元素是无序的、唯一的、不可改变的。可以使用大括号 {} 或 set() 函数创建一个集合，把这种集合的表示格式细化一下：

变量名={元素 1,元素 2,元素 3,…}

这种方式直截了当，直接把元素用{}括起来即可。

变量名=set(序列)，例如，变量名=set(元组,字符串等)。

对于集合来讲，最重要的功能是去重，可以随意地写一个集合，验证一下集合的去重功能，代码如下。

```
list1=[1,2,3,1,2,3,1,2,3,1,2,3]
sets=set(list1)
print(sets)
```

这段代码简单地定义了一个列表序列，里面的值都是 1,2,3 的重复。把这个列表用 set(list1) 强制转化成集合，结果如图 2.44 所示。

图 2.44　Python 实现列表的去重运行结果

这个输出结果加了{}来表示是一个集合，同时把 1,2,3 重复的内容去掉了，留下了不重复的内容。

最后说一下字典，字典由多个键和其对应的值构成的键—值对组成，键和值中间以冒号隔开，项之间用逗号隔开，整个字典是由大括号括起来的。如下面的程序定义了一个字典并进行输出。

```
hero={
    "昵称":"玩家",
    "血量值":"100%",
    "攻击力":50,
    "法宝":"闪光弹"
}
print(hero["昵称"])
```

```
print(hero["血量值"])
print(hero["攻击力"])
print(hero["法宝"])
```

上述代码的运行结果如图2.45所示。

图 2.45　Python 实现字典的内容输出运行结果

从结果中可以看出,字典可以输出"键"对应的值,使用格式是:字典名[键名]。

2.5　Python 编程逻辑实战

这里用驾照考试科目一的模拟试题程序来编码一下字典列表的嵌套应用,限于篇幅的原因,考题以3道题为准,代码如下。

```
exams=[
    {"题目":"驾驶机动车应当随身携带哪个证件？",
    "A":"身份证",
    "B":"职业资格证",
    "C":"驾驶证",
    "D":"工作证",
    "答案":"C"
    },
    {
        "题目":"下列哪种违法行为的机动车驾驶人将被一次记12分？",
        "A":"驾驶故意污损号牌的机动车上道路行驶",
        "B":"以隐瞒、欺骗手段补领机动车驾驶证的",
        "C":"驾驶机动车不按照规定避让校车的",
        "D":"机动车驾驶证被暂扣期间驾驶机动车的",
        "答案":"A"
    },
    {
        "题目":"驾驶技能准考证明的有效期是多久？",
        "A":"1年",
        "B":"2年",
        "C":"3年",
        "D":"4年",
        "答案":"C"
```

```
    }
]
for exam in exams:
    print(exam["题目"])
    print("A、"+exam["A"])
    print("B、"+exam["B"])
    print("C、"+exam["C"])
    print("D、"+exam["D"])
    answer=input("请输入答案")
    if answer==exam["答案"]:
        print("答题正确")
    else:
        print("答题错误")
```

　　这段代码首先创建了一个驾照考试科目一的字典列表,其中每个字典都表示一道题目,这是由"题目""A""B""C""D""答案"等键名结构组成的;通过循环遍历列表,把每一个字典里除了"答案"这一项外的其余信息全部输出,然后利用input语句让用户输入答案,最后判断一下用户输入的答案与字典中的答案数据是否吻合,吻合就输出"答题正确",不吻合就输出"答题错误"。

2.6　本章小结

　　本章主要学习了使用Python语言进行编码的基本思路,再根据基本思路进行函数功能的实现,最后对Python的数据类型进行综合性认识。

　　在实际的智能程序开发中,Python语言会结合模块的导入,条件语句、循环语句及函数的实现等技术,以及数据类型的使用,不断完善人工智能方面的程序。

第3章

应答机器人

图3.1 某商场的应答机器人

　　某些商场入口处有一个应答机器人（图3.1），当你经过它身边时，它会自动跟你打招呼："你好"，你也可以通过应答机器人去询问商场每一层的经营范围。这种应答机器人为顾客提供了很多方便和很好的体验感。

3.1 简易应答机器人实现

有一种声音叫"小度小度,给曹某某打电话""你确认是给曹某某打电话吗?"

有一种声音叫"小度小度,去长城""你是去长城吗?"

现在的生活中,有很多人在喊"小度",小度都会做出一些回应,就好像是一个智能的管家在帮助我们,其实这种回应是来自一个应答机器人。

要实现一个应答的机器人,原理很简单,就是把每一句所问的话当成Python字典数据类型的键名,键值就是所对应的应答结果。

程序代码如下。

```python
jiqiren={"你好":"你好","认识一下":"非常高兴认识你","漫漫长夜,聊个天呗":"滚滚红尘,聊天不如
唱首歌"}
key1=input("")
print(jiqiren[key1])
key2=input("")
print(jiqiren[key2])
```

代码中首先定义了一个字典变量jiqiren,该变量中的键就是用户在控制台中可能输入的每一个键名,键值就是对用户输入的每一个键名的可能性回答。紧接着程序输入语句形成变量key1,输出变量key1对应的键值名称,再通过程序输入语句形成变量key2,然后输出变量key2对应的键值名称。程序运行的结果如图3.2所示。

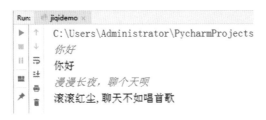

图3.2 Python字典实现简易应答机器人的输出结果

从输出结果中可以看出,一个简易版的应答机器人就这样实现了。不过提问的语句过于简单,数量也不多,如果要实现和每一个人聊天,就需要建立一个庞大的字典数据。而且聊天中的对话也不是一成不变的,如"漫漫长夜,聊个天呗"的下一句,既可以是"滚滚红尘,聊天不如唱首歌",也可以是"芸芸众生,认识你很高兴",这就把字典数据复杂化了,同一个键名如何输出不同的结果,根据不同的语境提供不同的聊天体验,这就使机器学习的需求上升到了另一个层面。首先需要上升到大数据的理论,并且只有通过一定的训练集和测试集,得出当前聊天语句的回应中哪一种语境概率最大,就会输出该概率的语境结果,也就是针对当前聊天内容的回应。

3.2 应答机器人的分类思维

认识机器学习，可以从生活中的例子入手。比如，我们一般形容美女，会说她有一头光可鉴人的长发，一袭纤细的腰身……光可鉴人、纤细是美丽的一种代名词。可是，也有人觉得拥有这些特质的并不是美女，这就是对美丽的不同看法。如果需要客观地评价美丽，可能除了容貌，还要有善良和有气质等，需要收集大量的人对美丽的理解。这就相当于训练集，每一个人理解的美丽的属性也需要罗列出来，比如眼睛、眼皮、嘴唇等特征，对应大小、单双、薄厚输出变量，然后把这些数据扔给机器学习的算法，也就得出了美丽的属性与结果之间的相关模型。同时，算法也会逐步进化，根据其预测结果的准确率自行修正，那么随着训练数据的积累，到后来它的预测就会越来越客观。

3.2.1 畅聊与尬聊的分类思维

现在把美丽的判定用到应答机器人的思维中，首先要大量的聊天话语和一组被测人群，聊天的话语分为尬聊和畅聊。所谓话不投机半句多，这组被测人群就是来测试聊天的话语是尬聊还是畅聊，被测的人群包含不同的行业、不同的背景、不同年龄等。为这些被测的人群展示大量的聊天话语，被测人看到每一句话语并标记是尬聊还是畅聊，将他们认为是畅聊的标为正例，尬聊的标为负例。通过这些训练集可以做预测：给定一句以前从未见过的聊天话语，检查学习得到的论述就可以判断这句聊天话语属于尬聊还是畅聊。

在我们所掌握的测试人群的所有特征中，假定区别畅聊与尬聊的主要因素为年龄和智商，那么这两个属性就会成为类识别器的输入。注意，这里采用年龄和智商作为输入，不代表其他的属性不重要，如职业、文化程度、爱好等属性对于辨别畅聊与尬聊也很重要，为了简单起见，这里只考虑年龄和智商。

年龄是第一个输入属性，设为变量x_1，智商为第二个输入属性，设为变量x_2。每句聊天的辨识类型就由这两个变量值来表示：

$$x = \begin{bmatrix} x_1 \\ x_2 \end{bmatrix}$$

通过变量r来表示每句聊天的辨识类型，当x为正例，也就是畅聊时，变量r的辨识类型为1；当x为负例，也就是尬聊时，变量r的辨识类型为0。可以用下式表示这样的描述。

$$r = \begin{cases} 1, & \text{如果}x\text{是正例} \\ 0, & \text{如果}x\text{是负例} \end{cases}$$

由上式可以得到，每句聊天的辨识类型用一个有序对(x, r)来表示，而训练集中包括N个这样的实例。

$$x = \{x^t, r^t\}_{t=1}^{N}$$

其中，t用于标记训练集中的每一句聊天实例，它不表示时间或任何类似的序。

每个实例t是一个数据点，坐标为(x_1^t, x_2^t)。其类型要么是负值，要么是正值，也就是畅聊与尬聊，结果由r^t给定，于是，训练数据可以绘制在二维空间(x_1, x_2)上，如图3.3所示。

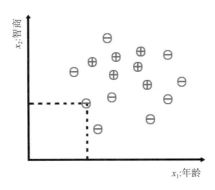

图 3.3　尬聊和畅聊分类问题中智商和年龄的数据点显示

图 3.3 所示的点坐标值分别表示年龄和智商,"+"表示正例,即"畅聊","−"表示负例,即"尬聊"。通过进一步的数据分析发现,判断畅聊与尬聊的分类,其年龄和智商的维度值在某个确定的范围内。

$$(x_{11} \leqslant 年龄 \leqslant x_{12})\mathrm{AND}(x_{21} \leqslant 智商 \leqslant x_{22})$$

其中 x_{11}, x_{12}, x_{21}, x_{22} 为适当的值。这样尬聊和畅聊在年龄和智商空间中的矩形如图 3.4 所示。

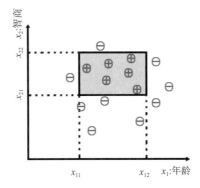

图 3.4　尬聊和畅聊分类问题中年龄和智商特定假设的拟合矩形

把段位做一下提高,上升到算法的层次,学习算法应当找到智商和年龄确定的空间矩形,既然是学习,初始状态是无法知道这个特定的空间矩形,需要一个特定的假设,然后不断学习去尽可能地逼近于这个矩形,定义矩形需要 4 个点,也就是 4 个参数,这 4 个参数形成的集合设定为 h。

参数集合 h 就是找出的内容,h 中的每个值也满足年龄和智商的换算关系,使用 h 对实例 x 进行预测,可以得到下式:

$$h(x) = \begin{cases} 1, & 如果h将x分类为正例 \\ 0, & 如果h将x分类为负例 \end{cases}$$

训练集数据是所有可能的 x 的一个小子集。在训练过程中,会产生经验误差,经验误差是参数集合 h 的预测值与 x 中给定的预测值不同的训练实例所占的比例。对于给定的训练集 x,预测值 h 的误差如下式:

$$E(h|x) = \sum_{t=1}^{N} 1(h(x^t) \neq r^t)$$

其中,当 $h(x^t) \neq r^t$ 时,预测值为 1,当 $h(x^t) = r^t$ 时,预测值为 0,如图 3.5 所示。

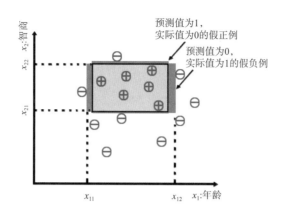

图 3.5　尬聊和畅聊分类问题中智商和年龄特定假设的正例负例

图 3.5 中虚线拟合的矩形为实际的值,预测值为 1 而实际值为 0 的点为假正例,预测值为 0 而实际值为 1 的点为假负例。其他点就是真正例和真负例,都被正确地分类。

由此,给定训练集,其实就是要找出这 4 个参数的值,使得 4 个参数确定的矩形框涵盖所有的正例而不包括任何的负例。如果 x_1 和 x_2 是实数,则可能存在无穷多个满足条件的假设矩形参数 h,也就是说,对于这些 h,误差 E 为零。但是,给定一个接近于正例和负例边界的未来实例,不同的候选假设可能会做出不同的预测。这是泛化问题,即假设的矩形对不在训练集中的未来实例的分类准确率如何。

解决准确率问题,可以从找出最特殊的假设开始,设定为 S,它是涵盖所有正例而不包括任何负例的最紧凑的矩形,这样就得出一个矩形的假设 $h = S$,作为诱导类。注意,实际的矩形可能会比诱导出的更大,但绝不会更小。最一般的矩形假设,如果设定为 G,就是涵盖所有正例而不包括任何负例的最大矩形。任何介于诱导 S 和最大假设 G 之间的 h 为无误差的有效假设,称为与训练集相容,并且这样的 h 形成了解空间。

机器学习所做的事情是,从假设空间中选取一个假设,对于训练集中的样本能较好地完成任务,并且对于外来的样本也能较好地完成任务,也就是泛化误差较小,这样学习到的才是一个有效的模型。假设空间可以理解成要选择的函数集或模型集,选取的一个假设可以理解成函数或模型,如图3.6所示。

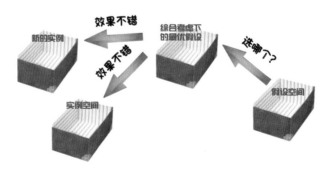

图 3.6　尬聊和畅聊分类问题中智商和年龄特定假设的模型理解

结合这样的思想,也就是使用最紧凑的矩形作为假设,这样操作可以找出很多实例。我们希望假设是近似正确的,即误差概率不超过某个值,并且还要对这种假设有信心,也就是这种假设在大多数时间里都是正确的,可以通过指定的概率为标准。

在概率逼近正确的学习中,可以把它拆成两部分来理解,即可能正确与近似正确。它们两个分别对应置信参数 $1 - \delta$ 和精确参数 ε。

训练集的产生是一个随机事件,这些样本可能并不具有代表性,使得通过这些训练集进行训练就会出现误差,实现误差最小专业的解释是经验风险最小。经验风险最小就是选择经验风险最小的分类器为最后输出结果的方法。在训练集上得到的预测假设在训练集上就会越好。在泛化能力上, δ 用来表示我们抽中这些不具有代表性样本的概率。 ε 用来表示精度,误差至多的概率,如果求得的经验风险最小值小于 ε ,认为这是一次成功的学习;而若是求得的经验风险最小值大于 ε ,认为这是一次失败的学习。

3.2.2　畅聊和尬聊分类中的噪声

噪声是数据中有害的异常。由于噪声的存在,对于模型的学习可能更加困难,并且使用简单的假设可能做不到零误差。关于噪声有几种理解。

第一种是记录输入属性可能不准确,这可能导致数据点在输入空间的移动。

第二种是标记数据点可能有错,可能将正例标记为负例,或相反。这种情况称为指导噪声。

第三种是可能存在没有考虑到的附加属性,相应地会影响实例的标注。这些附加属性可能是隐藏的或潜在的,因此是不可观测的。这些被忽略的属性所造成的影响作为随机成分,是噪声的一部分。

图3.7所示为噪声的影响。

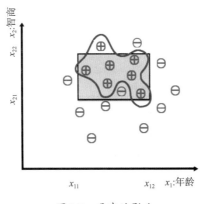

图 3.7　噪声的影响

如图3.7所示,当有噪声时,在正负实例之间不存在简单的边界,并且为了将它们分开,其中一个可行的方法是,保持模型的简单性,允许一些误差的存在;另一个可行的方法是,需要复杂的假设以对应能力更大的假设类。矩形可以为4个数定义,然而为了定义更复杂的形状,就需要具有大量参数的更复杂的模型。使用大量控制点的分段函数能够导出任意的封闭图形,就可以更好地拟合数据,得到零误差。

在训练误差不大的情况下,使用简单的矩形更有意义,原因如下。

(1)矩形是一种容易使用的简单模型。简单模型很容易检查一个点是在矩形内还是在矩形外,这样对于未来的数据实例也很容易检查它是正例还是负例。

(2)矩形是一种容易训练的简单模型,参数也较少,相对任意图形的控制点来说,比较容易找到矩形的隔角值。对于小规模训练集来说,如果训练实例有少许差异,那么简单模型比复杂模型的变化会小一些,简单模型具有更小的方差。有利就会有弊,太简单的模型,其假设会更多、更严格,也会有较大的偏差。这样,求解最优模型相当于最小化偏倚和方差。

(3)矩形是容易解释的简单模型。矩形简单地对应在两个属性上定义的区间,通过学习简单的模型,能够从给定训练集的原始数据中提取信息。

(4)简单模型比复杂模型的泛化能力更好。该规则符合奥卡姆剃刀规则,这种规则称为"如无必要,勿增实体",即"简单有效原理",较简单的解释看上去更可信,并且任何不必要的复杂性都应该被抛弃,如图3.8所示。

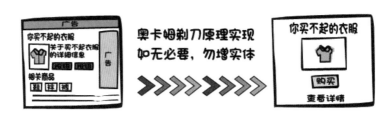

图3.8　奥卡姆剃刀的原理解释

3.2.3　畅聊和尬聊的多分类问题

前面所谈的应答机器人输出为畅聊与尬聊的结果,有属于畅聊的正例和属于尬聊的负例。这是一个二分类问题,如果说具体到应答机器人聊的话题,可能是生活,可能是工作……这就相当于有若干个类,例如,把聊天的结果实例分为三个类:畅聊、尬聊和中性,如图3.9所示。

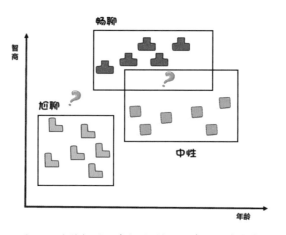

图3.9　应答机器人中畅聊、尬聊和中性的多分类

图 3.9 中有三个归纳的假设,畅聊、尬聊和中性,每个假设覆盖一个类的实例而不包括另外两个类的实例。"?"为拒绝区域,拒绝区域可以概括为没有类或有多个类被选中。

把聊天结果分为三个类,也需要研究分类的边界。但从图 3.9 中能够看出尬聊在一个范围内活动,畅聊和中性在另一个范围内活动。如果把畅聊和中性联合起来看作一个大类,称为畅聊中性类。另一个类就是尬聊类,这样的畅聊、尬聊和中性三分类问题就变成了二分类问题。而在实际的机器学习中,也是学习将一个类与所有其他类分开的边界,这样,本身就把一个多分类问题变成了二分类问题,也就相当于把 K-类的分类问题看作是 K 个两类问题。因此,在 K-类的分类问题中,要学习 K 个假设,把 K 个假设转化为二分类问题,满足下式:

$$h_i(x^t) = \begin{cases} 1, & \text{如果} x^t \in C_i \\ 0, & \text{如果} x^t \in C_j, j \neq i \end{cases}$$

式中, $h_i(x)$ 是一个假设, C_i 是选定的一个类, C_j 是选定的另一个类,意味着 x^t 属于两个选定的类,其值为 0。

有了多分类问题转化成二分类问题的思想,最终就可以解决多分类问题。

3.3　问题推荐与意图表达

畅聊、尬聊和中性体现了应答机器人的情绪,构成了机器学习的分类问题,情绪的最终目的也是要与应答语句相对应。给定一个输入,所产生的输出是一句应答语句,同样地,应答语句最关键的是根据用户信息推荐相关问题来帮助用户明确意图,以便更好地为其服务。例如,"帮我订个黄焖鸡送到七天酒店二楼 207"这句话的意图是"订餐","帮我查一下天气预报明天是否会下雨"这句话的意图是"天气",等等。这就需要把一句话拆分成各个词,专业术语为语料库,把每句语料拆分成分词,得到分词结果,如下面的拆分方法。

"帮我订个黄焖鸡送到七天酒店二楼 207"这句话的分词结果如下:

{"帮","我","订个","黄焖鸡","送到","七天","酒店","二楼","207"}

"帮我查一下天气预报明天是否会下雨"的分词结果如下:

{"帮","我","查一下","天气","预报","明天","是否","会","下雨"}

将这样的分词整理后就会形成语料库,整理后的词典和词权重如下所示:

{"帮":0.5,"我":0.5,"订个":1,"黄焖鸡":1,"送到":1,"七天":1,"酒店":1,"二楼":1,"207":1,"查一下":1,"天气":1,"预报":1,"明天":1,"是否":1,"会":1,"下雨":1}

这样的词典和词权重也可以形象地理解成图 3.10 树形表示。

图 3.10　词典和词权重的树形表示

由图 3.10 可知,这些语料库中的枝权就像一棵树上的每个词,同时每个词都有一定的权重。不同的语句相当于树中不同的树枝,通过树枝中每个词的权重最终确定每句话的权重,再通过权重来判断这句话阐述的意思。例如,把"天气查询"进行分词,就会得到"查询"和"天气"两个词。通过如图 3.10 所示的语料库树,可以得到"天气"的权重为 1,"查一下"的权重为 1。计算"帮我订个黄焖鸡送到七天酒店二楼 207"和"帮我查一下天气预报明天是否会下雨"两句话中出现"天气"和"查一下"的具体权重值之和如下:

"帮我订个黄焖鸡送到七天酒店二楼 207"中"天气"和"查一下"的权重计算和得分为:("天气"出现)0+("查一下"出现)0=0

"帮我查一下天气预报明天是否会下雨"中"天气"和"查一下"的权重计算和得分为:("天气"出现)1+("查一下"出现)1=2

比较"帮我订个黄焖鸡送到七天酒店二楼 207"和"帮我查一下天气预报明天是否会下雨"两句话的权重计算和得分,"帮我查一下天气预报明天是否会下雨"得分 2 大于"帮我订个黄焖鸡送到七天酒店二楼 207"得分 0,最终得到"帮我查一下天气预报明天是否会下雨"表达的主要意图是"查询天气"。

识别出应答机器人的主要意图之后,答案的可能性就会有很多种,不再是两种分类或三种分类,基本可以算是分类任务的标配。

3.4　Softmax 多分类算法

Softmax 多分类算法如果判断输入属于某一个类的概率大于属于其他类的概率,那么这个类对应的值就逼近于1,其他类的值就逼近于0。该算法的主要应用是多分类,而且是互斥的,也就是只能属于其中的一个类。

假设这里有一个数组V,V_i表示V中的第i个元素,那么这个元素的Softmax值的公式如下。

$$S(v_i) = \frac{e^{v_i}}{\sum_j e^{v_j}}$$

公式中,e^{v_i}是该元素的指数,$\sum_j e^{v_j}$是所有元素的指数和,这两个值的比值就是Softmax的结果,所有比值之和为1。

$$S(v_3) = \frac{e^{v_3}}{\sum_{j=1}^{3} e^{v_j}}$$

将上式化成形象的解释,如图3.11所示。

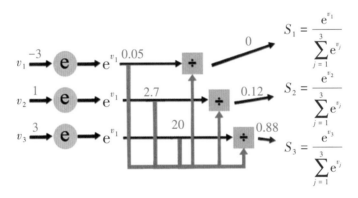

图3.11　Softmax分类算法表示

图3.11中的S_1、S_2、S_3分别满足$0 < S_1 < 1$,$0 < S_2 < 1$,$0 < S_3 < 1$,S_1、S_2、S_3三个值相加的和为1,即$S_1 + S_2 + S_3 = 1$。

由图3.11所示,把输入值为3、1、−3通过Softmax函数一作用,就映射成$(0,1)$的值,而这些值的和为1,这里就可以将它理解成概率,在最后选取输出节点的时候,选取概率最大节点作为预测目标值。

通过Softmax的多概率输出,对于应答机器人来说,也会有多种输出的概率结果,输出概率最大的目标语句就是应答机器人选取的语句。

3.5　AIML模块实战应答机器人

AIML全名为Artificial Intelligence Markup Language(人工智能标记语言),是一种创建自然语言软件代理的XML语言,是由Richard Wallace和世界各地的自由软件社区在1995年至2000年发明创造的。

AIML 的主要目标是希望大众易学易会,并且使最小的概念得以编码,兼容 XML,设计正式而简洁,对用户而言具有良好的可读性和清晰度。

Python 安装 AIML 模块库的代码如下。

```
pip3 install aiml
```

注意,在安装 aiml 模块之前需要先安装 TensorFlow 模块,TensorFlow 模块的版本号必须是 2.2 版本以上,不然就会出现报错信息。

Python aiml 安装完成后,在 Python 安装目录下的 Lib/site-packages/aiml 下会有 alice 子目录,这个是系统自带的一个简单的语料库。

在编写程序时指明 alice 子目录的语料库位置,以及 alice 模块中 learn 方法学习启动的 xml 文件,再用 respond 方法携带参数"LOAD ALICE"来加载 alice 语料库,然后就可以调用 respond 来输出应答语句了。

逻辑对应的代码如下所示。

```
import aiml
import os
os.chdir("./alice")
alice=aiml.Kernel()
alice.learn("startup.xml")
alice.respond("LOAD ALICE")
print("--------------------------------")
print("Hello")
print(alice.respond("Hello"))
print("I miss you badly")
print(alice.respond("I miss you badly"))
print("I Love you")
print(alice.respond("I Love you"))
print("--------------------------------")
```

代码首先导入 aiml 人工智能模块和 os 系统模块,os 系统模块使用 chdir 指令来改变工作路径。路径改变后,使用 aiml 人工智能模块的 Kernel 方法创建一个 kernel 内核对象,通过内核对象的变量调用 learn() 方法学习 alice 语料库文件夹中的 startup.xml 文件,这个文件是所有语料库的 xml 文件的管理文件,相当于 alice 语料库文件中的训练集,接下来 respond 方法加载 alice 语料库文件夹训练集。后面不断地 respond("Hello"),respond("I miss you badly"), respond("I Love you"),分别预测 "Hello""I miss you badly""I Love you"语句后面的结论。程序代码的运行结果如图 3.12 所示。

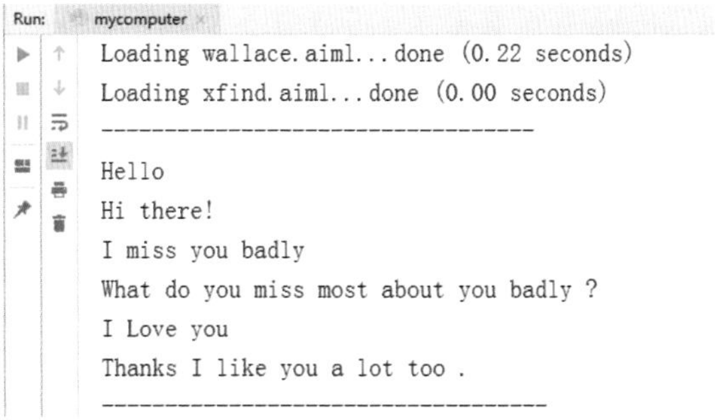

图 3.12　Python 使用 aiml 模块实现英文应答机器人运行结果

输出的结果表示对英文的训练结果,这是因为 alice 语料库中有英文训练集。对于中文,可以使用需要注册的图灵机器人,但这款自动机器人的接口每天请求次数有一定的限制,不过可以"曲线救国",就是借用 alice 语料库的训练集,使用 Python 的翻译模块做一下中间的衔接,代码如下。

```python
from googletrans import Translator
import aiml
import os
translator = Translator(service_urls=['translate.google.cn'])
os.chdir("./alice")
alice=aiml.Kernel()
alice.learn("startup.xml")
alice.respond("LOAD ALICE")
print("--------------------------------")
result1=translator.translate('Hello', dest='zh-CN').text
print(result1)
answer1=translator.translate(alice.respond("Hello"), dest='zh-CN').text
print(answer1)
result2=translator.translate("I miss you badly", dest='zh-CN').text
print(result2)
answer2=translator.translate(alice.respond("I miss you badly"), dest='zh-CN').text
print(answer2)
result3=translator.translate("I Love you", dest='zh-CN').text
print(result3)
answer3=translator.translate(alice.respond("I Love you"),dest='zh-CN').text
print(answer3)
print("--------------------------------")
```

代码相比英文的机器人自动聊天多了一个 googletrans 模块,这个模块可以实现对英文的翻译,安装这个模块的方法的代码如下。

```
pip3 install  googletrans==4.0.0-rc1
```

安装方法中特别指定了 googletrans 的版本号 4.0.0-rc1。

在程序中首先实例化 googletrans 模块中的 Translator 类,指定 service_urls 的翻译模块服务地址。在使用 alice 语料库中的 respond 学习"Hello"语句的聊天应答结果前,首先使用 Translator 的实例化变量,调用其translate方法,参数中第一个"Hello"是需要翻译的单词,dest的参数指明"zh-CN"翻译的语言类型,翻译后使用text属性输出其值,这样就实现了"Hello"语句的翻译。接下来对"Hello"语句进行应答,需要将alice.respond("Hello")语句的结果作为Translator实例化变量的translate翻译方法的第一个参数,第二个参数同样指明dest的目的语言是"zh-CN",最终实现把每一句聊天的英文翻译成中文,也把alice.respond机器学习后的应答语句翻译成中文。执行结果如图3.13所示。

图3.13　Python使用aiml模块实现英文转中文应答机器人运行结果

现在把逻辑再深入一下,输入一句中文,然后通过googletrans模块进行中文到英文的翻译,继而使用alice.respond方法进行对英文的应答,最后再对应答的英文进行googletrans翻译成英文,形成自动应答的聊天程序,代码如下。

```
from googletrans import Translator
translator = Translator(service_urls=['translate.google.cn'])
import aiml
import os
os.chdir("./alice")
alice=aiml.Kernel()
alice.learn("startup.xml")
alice.respond("LOAD ALICE")
print("--------------------------------")
result1_chinese=input("请输入聊天的语句")
result1_english=translator.translate(result1_chinese, dest='en').text
print(result1_english)
answer1_chinese=translator.translate(alice.respond(result1_english), dest='zh-CN').
text
print(answer1_chinese)
result2_chinese=input("请输入继续聊天的语句")
result2_english=translator.translate(result2_chinese, dest='en').text
print(result2_english)
answer2_chinese=translator.translate(result2_english, dest='zh-CN').text
print(answer2_chinese)
result3_chinese=input("请输入继续聊天的语句")
result3_english=translator.translate(result3_chinese, dest='en').text
```

```
print(result3_english)
answer3_chinese=translator.translate(alice.respond(result3_english),dest='zh-CN').
text
print(answer3_chinese)
print("-------------------------------")
```

代码中仍然引入了 googletrans 翻译模块、aiml 人工智能模块和 os 系统模块。程序开始实例化 Translator 翻译类,指示参数 service_urls 的翻译支持地址是 translate.google.cn。首先,os.chdir 指明程序的工作目录,实例化 aiml 人工智能模块中的 Kernel 内核类,赋值给变量 alice,接下来 learn 方法学习 alice 语料库中的 startup.xml 文件,xml 文件中指明了 alice 语料库中的所有训练集,然后 respond ("LOAD ALICE")加载 ALICE 语料库。input 语句提示"请输入聊天的语句",接收的内容存储在变量 result1_chinese 中,实例化 Translator 的 translate 方法负责将输入的中文 result1_chinese 内容翻译成英文,translate 方法中的第一个参数是 result1_chinese,第二个参数 dest 指明翻译成的语言,"en"表示目标语言是英文。翻译成英文后的文本在属性 text 中,其中的内容由变量 result1_english 来保存。alice. respond()方法实现对 result1_english 的应答结果,实例化 Translator 的 translate 方法再实现将 result1_english 翻译成中文 answer1_chinese,最终输出 answer1_chinese 的应答结果。后面的逻辑也是先输入一个语句,再翻译成英文,随之 alice.respond 对翻译成的英文进行学习和应答,把学习和应答的结果再通过 translate 方法翻译成中文输出。代码执行的结果如图 3.14 所示。

图 3.14　Python 使用 aiml 模块实现中文输入应答机器人运行结果

通过这样的程序就可以自由地进行输入语句,计算机自动给出应答结果,从而实现了应答机器人的自动程序。

3.6　本章小结

本章主要学习了对应答机器人的简易代码实现,到应答机器人尬聊和畅聊分类的实现思想,再到应答机器人多分类 Softmax 算法的实现,最后到应答机器人的 AIML 人工智能模块的实战。应答机器人在思维上结合训练集和验证集从语义上做问题推荐和意图表达,通过多分类算法实现概率最高的响应回答。在 AIML 人工智能模块的使用方面,结合 googletrans 翻译模块一步一步将输入的中文翻译成英文,再通过英文的推荐回答翻译结果,得出最终聊天的输出。

在实际生活中,自动应答机器人也在不断发展,使用模块的方法可以得出一定的结果,但始终比较有限,需要更多的训练集文档,这样输出的结果才会千变万化。如果对应答的内容有多方面的理解和近乎幽默的回答,也会取得不错的效果,类似于导航的沈腾版、郭德纲版、林志玲版等,这些都是对自动应答机器人技术的一种提升。

## 第4章

驾驭物体识别

图 4.1 火车站安检处的物体识别

安全检查是检查旅客及行李物品中是否携带枪支弹药、易燃易爆物品、管制刀具及可能威胁他人的危险物品。

图 4.1 为火车站安检处物体识别的截图。为了确保乘客的人身安全和财产安全，所有的旅客都必须进行安检，在安检过程中进行必要的物体识别就成为人工智能的课题。

4.1 计算机视觉对图像的理解

万事万物都有其形状和外观,这些形状和外观一般通过人类的视觉可以感知。对于人工智能而言,就是让计算机或摄像头对万事万物的形状和外观进行感知,完成计算机对图像的处理,这就是计算机视觉。

计算机视觉是一门研究如何使机器"看"的科学,更进一步说,就是指用摄像机和电脑代替人眼对目标进行识别、跟踪和测量等。在人工智能领域,计算机视觉不是简单地获取图像和对图像进行处理,如裁剪、缩放、滤波等,而是像人一样理解图像。

如图4.2所示,两个人过马路,在人的眼里,能很容易识别出一个老人、一个年轻人、斑马线、暗绿色提包、拐杖等。同时还可以理解这些物体之间的关系,一个拿着暗绿色提包的年轻人搀着一个拄拐杖的老人过斑马线,甚至还可以进行一些推理,根据年轻人的小辫子,可以判断可能是一个女孩,或者根据年轻人穿着的半截袖可以判断当前的季节是夏天。

图 4.2 人眼中的场景图

但是,在计算机的眼里永远都是数字,从0到255的数字。

如何让计算机也能同人一样有理解图像的能力呢?

要做到让计算机理解图像,必须明确计算机不是人,它看的空间和人不一样,它更像是看图说话。计算机根据图片自动生成一句话来描述其中的内容,由于其潜在的应用价值而受到了广泛的关注,比如人机交互和图像语言理解。这项工作既需要视觉系统对图片中的物体进行识别,也需要语言系统对识别的物体进行描述,因此存在很多复杂且极具挑战性的问题。

当计算机对图像的语义有了理解后,再对图像进行分析,以达到所需结果的技术称为图像处理,也叫作影像处理。图像处理技术的主要内容包括图像压缩、增强、复原、匹配、描述和识别。

图像处理有三个层次。第一个层次是分类。分类是将图像结构化为某一类别的信息,用事先确定好的类别或实例来描述图片。图4.3就是一种对图像进行处理的分类方式。

第二个层次是检测,检测关注特定的物体目标,要求获得这一目标的类别及位置信息。分类给出的是整张图片的内容描述,检测给出的是对图片前景和背景的理解,因而检测模型的输出是一个列表,列表的每一项分别输出目标的类别和位置(坐标),如图4.4所示。

图4.3 计算机对图像处理的分类层次

图4.4 计算机对图像处理的检测层次

第三个层次是分割,分割是对图像的像素级描述,分割包括语义分割和实例分割。其中,语义分割要求分离具有不同语义的图像部分,实例分割要求描述目标的轮廓,相比检测框更为精细,适用于理解要求较高的场景,如图4.5所示。

对图像处理完之后,更进一步的是对图像理解的研究。如图4.6所示,除了对图中的人物、狗、羊等物体进行识别外,还需要一些描述性信息,如站立、草地、狗的姿势等,对一些特征进行判断预测。例如,狗可能是牧羊犬,人物可能是放羊娃等。再对这些标签和预测进行语义上的重组,就构成一句话。

图4.5 计算机对图像处理的分割层次

图4.6 计算机对图像理解的语义重组

4.2 计算机视觉的任务

通过计算机视觉对图像理解的过程,可以总结出计算机视觉任务的主要类型有以下几种。

第一种是物体检测,它是视觉感知的第一步,也是计算机视觉的一个重要分支。物体检测的目标就是用框来标示出物体的位置,并给出物体的类别,其侧重于对物体的搜索,而且物体检测的目标必须要有固定的形状和轮廓。

第二种是物体识别,也就是判定一组图像数据中是否包含某个特定的物体、图像特征或运动状态。不过,现在的技术也只能够很好地解决特定目标的识别,比如人脸识别、印刷或手写文件识别、车牌识别等。

第三种是图像分类,即判定一张图像中是否包含某种物体,对图像进行特征描述是物体分类的主要研究内容。图像分类问题就是给输入图像分配标签,这是计算机视觉的核心问题之一。

第四种是物体定位,即利用计算机视觉技术找到图像中某一目标物体在图像中的位置。

第五种是图像分割,图像分割是对图像中的每个像素加标签的一个过程,这一过程使得具有相同标签的像素具有某种共同的视觉特性。

4.3 物体检测

物体检测,其目的是识别目标并给出其在图中的确切位置,其任务可分为三部分:识别某个目标,给出目标在图中的位置,识别图中所有的目标及其位置。

传统的目标检测主要是采用滑动窗口法。

4.3.1 滑动窗口法

滑动窗口法,就是一个框在图片上移动,检测框里面有没有要找的目标答案,有就成功了。专业的阐述是,首先固定一个卷积区域,然后将卷积核在图像上按照指定步长进行滑动,对于每一次滑动得到的区域进行检测,判断该区域中存在目标的概率,如图4.7所示。

图4.7 滑动窗口法实现目标检测

滑动窗口法的具体实现步骤如下。

第一步是用适当的算法训练一个分类器,输入一张固定大小的图片,输出类别概率。

第二步需要用很多大小不同的窗口进行移动,这样就把图片分成了很多个小窗口,然后把每个窗口利用分类器做分类,如果预测的分类结果分数较高,则说明这个窗口有物体,就保留该窗口,直到所有大小不同的窗口处理结束。

第三步对处理完的窗口出现的重叠现象使用非极大抑制法,留下合适的窗口,丢弃其他重叠的窗口。

第四步将得到的各种窗口和对应的类别,可以利用标注的数据框来进行回归,让窗口更加精确。

这样的思路可以概括成图4.8所示的结构图。

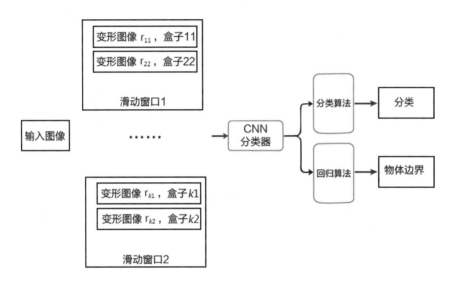

图4.8　滑动窗口法结构图

在滑动窗口的检测思想中,涉及交并比(IoU)和非极大抑制(NMS)。

交并比(IoU)就是交集和并集的比值,即两个窗口相交的区域和并起来的区域的比值,反映的是两个窗口的重合度,如图4.9所示。

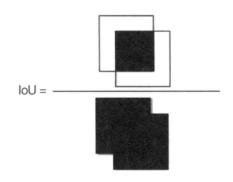

$$IoU = $$

图4.9　交并比(IoU)公式

公式可以这样表示：

$$\text{IoU} = \frac{\text{相交/重叠的区域}}{\text{两个窗口合并的区域}} = \frac{|A \bigcap B|}{|A \bigcup B|} = \frac{|A \bigcap B|}{|A| + |B| - |A \bigcap B|}$$

非极大抑制(NMS)就是把很多重叠的物体识别边缘框按照分类分数进行排序，取出分数最高的，对"交并比"偏大的数值进行舍弃，这里有一个阈值参考，然后剩下的继续做非极大抑制，直到所有的物体识别边缘框全部处理完，最后只剩分类分数高的物体识别边缘框，如图4.10所示。

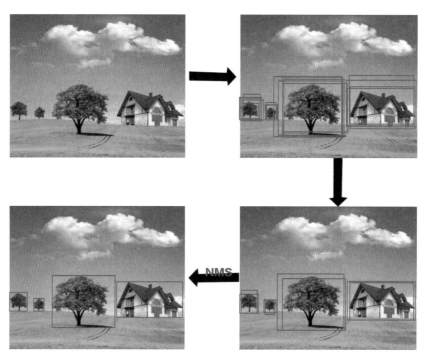

图4.10 非极大抑制(NMS)过程

通过算法可以了解到，基本上是穷举了所有不同尺寸的物体识别边缘去识别不同大小的物体，这样效率是非常低的。对于CNN分类器来讲，接收多个滑动窗口也会产生耗时的操作。

4.3.2 图像金字塔

由于检测图像中大小不一的物体需要改变滑动窗口的形式，因此滑动窗口规格不变就成为一种需求。图像金字塔的作用在于滑动窗口规格不变，采用改变图片大小来检测图像中尺度不一致的物体，也就是对图像进行一定比例的缩放，如图4.11所示。

图4.11　图像缩放形成图像金字塔

从图4.11中可以看出,由于图像缩放的递进关系形成了图像金字塔。图像金字塔是图像中多尺度表达的一种,是一种以多分辨率来解释图像的结构。

一个传统的金字塔中,每一层图像由上一层分辨率的长、宽各一半,也就是四分之一的像素组成,金字塔是一个上小下大的形状,层数是由下向上来记数,底层叫作第0层,往上依次为1、2、3层,如图4.12所示。

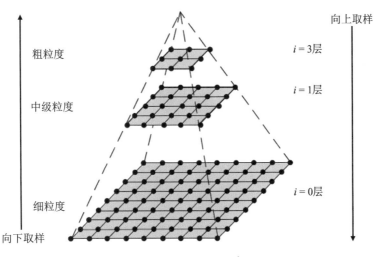

图4.12　图像金字塔层数表示

图像金字塔的每一层定义的是图片的分辨率,从塔底到塔顶表示的是图片的缩小过程。也就是说,0层是原图,越往上越压缩,丢失的信息就越多。

生成图像金字塔主要包括两种方式:向下取样和向上取样。

向下取样,层级越高,则图像越小,分辨率越低;向上取样则是图像分辨率不断增大的过程。

向下取样的过程可以概括为两个步骤:对图像进行高斯卷积核,并删除所有偶数的行和列。

高斯滤波在一次卷积核的卷积过程中让临近的像素具有更高的重要度,对周围像素计算加权平均值,较近的像素具有较大的权重值,如图4.13所示。

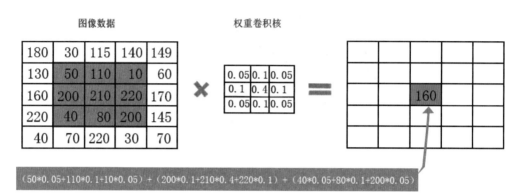

图4.13　高斯滤波的过程示意

向上取样是将小图像不断放大的过程。它将图像在每个方向上扩大为原图像的2倍,新增的行和列均用0来填充,并使用与"向下取样"相同的卷积核乘以4,再与放大后的图像进行卷积运算,以获得"新增像素"的新值。

4.3.3　YOLO设计理念与CNN模型

YOLO算法采用一个单独的CNN模型来实现end-to-end的目标检测。这里提到的end-to-end就是端到端,是指直接输入原始数据,让模型自己去学习特征,最后输出结果,中间不需要人工的参与,就像一个工厂,送进去水稻,最后出来大米,中间的流程我们一律不参与。YOLO算法首先将输入图片的大小调整到448×448,然后送入CNN网络,最后处理网络预测结果,得到检测的目标。

CNN网络全称为卷积神经网络,它是神经网络的一种。神经网络由大量的神经元相互连接而成,每个神经元接受线性组合的输入后,最开始只是简单的线性加权,后来给每个神经元加上非线性的激活函数,从而进行非线性变换后输出,如图4.14所示。

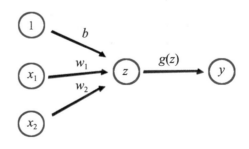

图4.14　神经网络中神经元的构成

图 4.14 中,x_1 和 x_2 表示输入向量,w_1 和 w_2 是权重,每个输入都赋予一个权重,有几个输入就有几个权重,b 的意义为偏置误差,$g(z)$ 实现了激活函数的作用,y 为最后的输出。

举个例子,北京大兴每年都有一个西瓜节,那去不去呢? 决定你是否去有两个因素,这两个因素就对应着两个输入,分别用 x_1、x_2 表示。此外,这两个因素的影响程度用权重 w_1、w_2 表示。一般来说,影响你去不去西瓜节的两个因素是,其一,你对吃西瓜是否感兴趣,其二,可能是有没有人陪。把 x_1 理解成你是否对吃西瓜感兴趣,$x_1=1$ 表示感兴趣,$x_1=0$ 表示不感兴趣,权重 w_1 假定为70%。把 x_2 理解成是否有人陪同,$x_2=1$ 表示有人陪同,$x_2=0$ 表示没有人陪同,权重 w_2 假定为30%。这样,决策模型就建立起来了,公式如下:

$$g(z) = g(w_1 \times x_1 + w_2 \times x_2 + b)$$

式中,g 表示激活函数,b 可以理解成为了更好地达到目的而做的调整偏置项。

对于激活函数来说,可以定义成一个线性函数,也就是对结果做一个线性变化,但是太过于局限,所以后期引入了非线性的激活函数。常用的非线性的激活函数有 Sigmoid、Tanh、ReLU 等。

Sigmoid 函数的表达式如下。

$$g(z) = \frac{1}{1 + e^{-z}}$$

公式中的 z 是一个线性组合,比如 $z = b + w_1x_1 + w_2x_2$,代入很大的正数或很小的负数到 $g(z)$ 函数中,对于 Sigmoid 函数来说,其值趋近于 0 到 1。

Sigmoid 函数 $g(z)$ 的图形如图 4.15 所示。

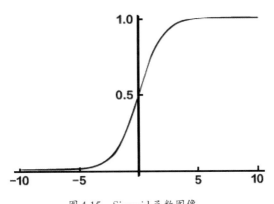

图 4.15　Sigmoid 函数图像

从图像上看,函数的输出范围是 0 到 1,由于其输出值限定在 0 到 1,因此对每个神经元的输出进行了归一化。再则梯度平滑,避免"跳跃"的输出值,同时函数是可微的,这意味着可以找到任意两个点的 Sigmoid 曲线的斜率。正是由于这样的情况,Sigmoid 函数适合做激活函数处理。

激活函数除了 Sigmoid 函数外,最常使用的是 ReLU 函数。函数形式非常简单,表述如下:

当 $x > 0$ 时,$f(x) = x$;当 $x < 0$ 时,$f(x) = 0$。

这种表述的表达式为 $\mathrm{ReLU}(x) = \max(0, x)$。

从表达式上看,其所有负值都将变为0,而其余值将保持不变,有点类似于二极管对交流电的整流作用。

在神经网络中,激活函数定义了神经网络模型中节点在给定的输入或输出集合下的输出,旨在帮助网络学习数据中的复杂模式。

对于一个神经网络的模型来说,主要包括输入层、隐藏层和输出层,如图4.16所示。

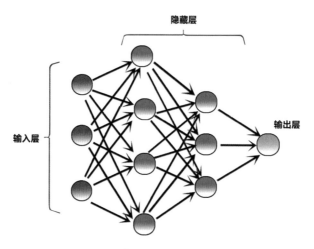

图4.16　神经网络的模型结构层

图中显示的输入层就是输入x的那一层,输出层就是输出y的那一层,输入层与输出层之间不管隔了多少层,都是隐藏层。

单从神经网络的角度来看,如果处理图像,需要将图片按行展开,每一个像素就是一个输入,这样的参数数量是巨大的。此外,还需要庞大的数据集和漫长的训练时间,这样的效率是可想而知的,还容易带来让人头疼的过拟合问题。

卷积神经网络对图片识别量身定做了模型,能够实现降维的目标,有利于提高准确度。

卷积神经网络结构是由卷积层、池化层和全连接层组成的。

对于给定的一幅图像来说,给定一个卷积核,卷积操作就是根据卷积窗口进行加权求和。卷积窗口在整张图片上滑动,在每一个位置输出一个数值,最终输出一个降维后的矩阵,如图4.17所示。

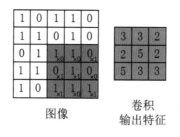

图4.17　卷积神经网络的卷积操作

由图4.17可知,在图像处理中,卷积核是已知的。而在CNN的卷积层,卷积核的参数也是需要训练的。

池化层通常接在卷积层后面。其目的是简化卷积层的输出。形象一点理解,池化层相当于在卷积层上面开了一个窗口,但这个窗口比卷积层的窗口简单许多,不需要参数,它只是对窗口范围内的神经元做简单的操作,如求和、求最大值,把求得的值作为池化层神经元的输入值,从原理上讲,其实就是图片向下取样。

在经过若干次卷积和池化之后,特征图被送到全连接层进行分类。

例如,现在的任务是判断当前的图片是不是一头猪,如图4.18所示。

在神经网络模型已经训练完了的基础上,全连接层输出的已知结果如图4.19所示。

图4.18　判断当前图片是否为猪的任务

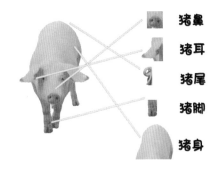

图4.19　对识别猪全连接层输出的分类特征

图4.19所示为输出的各种分类特征组合,找到了相应的特征,神经元就会被激活,这些特征就是通过前面的卷积获得的,把这些特征数据结合在一起,就可以判断这个动物是猪。

在卷积神经网络中,信息从输入层经过逐级变换,传送到输出层,也是网络在完成训练后正常运行时执行的过程,这个过程叫向前传播阶段。有向前传播阶段就有向后传播阶段,向后传播阶段是在计算得出实际输出与相应的理想输出的差之后,按极小化误差的方法反向传播调整权值矩阵的过程。

CNN卷积神经网络避免了显式的特征提取,而是隐式地从训练数据中进行学习,特征提取和模式分类在训练中同时进行。

CNN在图像处理和图像识别领域取得了很大的成功,避免了对图像复杂的前期预处理过程,可以直接输入原始图像。

4.4　BOW原理

BOW全称是Bag-of-words,也叫作"词袋",是信息检索领域常用的文档表示方法。假定有一个文档,这里忽略它的单词顺序和语法、句法等要素,将其仅仅看作若干个词汇的集合,文档中每个单词的出现都是独立的,不依赖其他单词是否出现。

例如下面两句话:

(1)足球和篮球都是我的爱好;

(2)有足球或篮球的爱好对锻炼很有帮助。

基于上面这两句话,可以构造一个字典。

dic={1:"足球",2:"篮球",3:"和",4:"都",5:"是",6:"有",7:"的",8:"爱好",9:"或",10:"对",11:"锻炼",12:"帮助",13:"很",14:"我"}

对前面两句关于"足球和篮球爱好"的文档,每一个用14维向量来表示,用数字来表示每一个单词在文档中出现的次数。

第(1)句:[1,1,1,1,1,0,1,1,0,0,0,0,0,1}。

第(2)句:[1,1,0,0,0,1,1,1,1,1,1,1,1,0}。

向量中的每个元素表示词典中相关元素在文档中出现的次数。

这里把BOW模型应用于图像表示,可以将图像看作文档,即若干个"视觉词汇"的集合。比如把"猪"这个图像看作目标,"猪"身上的特点就是若干个"视觉词汇"的集合。注意,这里是"视觉词汇",不同于文字词汇,如图4.20所示。

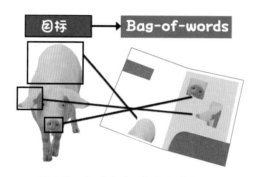

图4.20 识别猪的目标与视觉词汇

图4.20示意了提取数据集中图像的特征点,然后提取特征描述符,形成特征数据,一般使用SIFT算法,SIFT全称为尺度不变特征变换,英文为Scale-invariant feature transform。SIFT特征是图像的局部特征,其对旋转、尺度缩放、亮度变化保持不变性,对视角变化、仿射变换、噪声也保持一定程度的稳定性。

SIFT算法在一定程度上解决了以下几个问题。

(1)目标的旋转、缩放、平移。

(2)图像仿射/投影变换。

(3)光照影响。

(4)目标遮挡。

(5)杂物场景。

(6)噪声。

SIFT算法的实质可以归结为在不同的尺度空间查找特征点的问题,如图4.21所示。

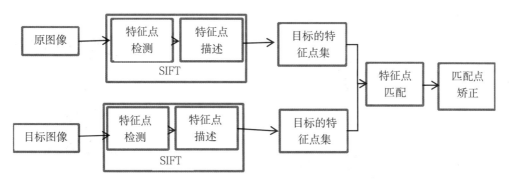

图4.21 SIFT算法查找特征点的思想

SIFT算法实现物体识别主要有三大工序:首先提取关键点;其次对关键点附加详细信息,也就是描述信息;最后通过原图像和目标图像两方特征的两两比较,找出相互匹配的若干对特征点,也就建立了景物间的对应关系。

获取了多张图像的特征点之后,虽然这些特征提取出来并没有通过分类得到处理,但其中有的特征点之间是极其相似的,接下来通过K-means聚类算法,将提取出的特征点进行分类处理。

Means聚类算法的大概流程如下。

(1)随机初始化 K 个聚类中心。

(2)一直重复着下面的两个步骤直至算法收敛。第一步,对每一个特征的距离进行计算,根据计算的距离结果远近决定其归属于某个中心或类别;第二步,对计算距离后得到归属的每个类别,使用类别对应的新特征集重新计算聚类中心。

假设这里要解决三个目标类的问题,分别是房子、车子、酒坛子。从图像中提取相互独立的视觉词汇,如图4.22所示。

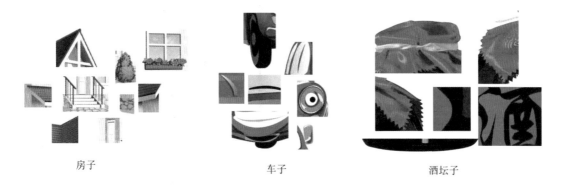

房子   车子   酒坛子

图4.22 从图像中提取视觉词汇

接下来把所有的视觉词汇集合在一起,如图4.23所示。

图 4.23　房子、车子、酒坛子视觉词汇集合

　　有了视觉词汇的集合,就可以利用K-means算法构造词汇字典。把N个对象分为K个簇,以使簇内具有较高的相似度,而簇间相似度较低。假设将K值设为3,则单词表的构造过程如图4.24所示。

　　通过学习之后,就剩下了几个特征作为视觉单词,如图4.25所示。

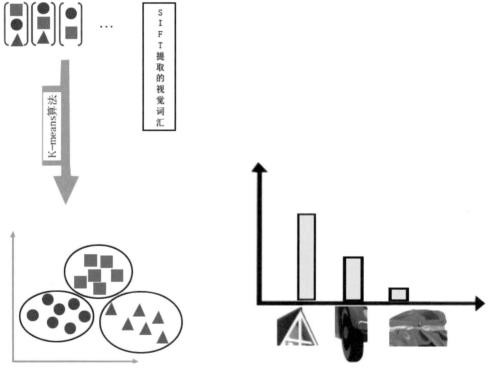

图 4.24　使用K-means算法聚类视觉单词表　　　　　图 4.25　视觉单词的主要特征

　　接下来,针对输入特征集,根据视觉词典进行量化,首先通过计算输入特征到视觉单词的距离,然后将其映射到距离最近的视觉单词中并计数。把输入的图像根据TF-IDF转化成视觉单词的频率直方图,如图4.26所示。

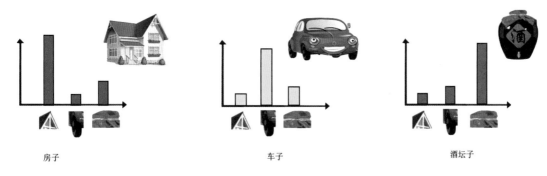

房子　　　　　　　　　　　　　车子　　　　　　　　　　　　酒坛子

图 4.26　房子、车子、酒坛子频率直方图

这里在转换为频率直方图时使用了 TF-IDF,其中 TF 即词频(Term Frequency),IDF 即逆文本频率指数(Inverse Document Frequency)。TF-IDF 是一种统计方法,用以评估一字词对于一个文件集或一个语料库中的其中一份文件的重要程度。

词频(TF)指的是某一个给定的词语在该文件中出现的次数。其计算公式如下:

$$TF = \frac{在某一类中词条出现的次数}{该类中所有的词条数目}$$

逆文本频率指数(IDF)是由总文件数目除以包含该词语的文件的数目,再将得到的商取对数得到,其反映的是一个词语的普遍重要性。其计算公式如下:

$$IDF = \log\left(\frac{语料库的文档总数}{包含词条w的文档数 + 1}\right)$$

注意,计算公式中的分母的"+1"操作,是为了避免分母为 0。

对于词频和逆文本频率指数的理解,这里举个例子。

如果现在有本书叫《菜是如何做出来的》,其中有篇文章叫《炒豆腐》,谈论最多的词就是"豆腐",那么"豆腐"这个词频就是最高的,也证明"豆腐"在炒豆腐这个菜中是最重要的。不过,如果整本书的菜品都跟豆腐有关系,如麻婆豆腐、煎豆腐、豆腐丸子等,那么"豆腐"在这本书中就不是什么特殊的东西,没有特征性。这就是逆文本频率指数要考虑的文档总数的语料库问题。

词频和逆文本频率指数综合考虑,就使用词频和逆文本频率指数的乘积,即 TF-IDF。TF-IDF 值越大,则这个词成为一个关键词的概率就越大。

针对房子、车子和酒坛子这三个文档,抽取出相似的部分,构造一个词典,词典中包含 3 个视觉单词,最终房子、车子和酒坛子这三个文档皆可以用一个 3 维向量表示,最后根据 3 个文档相应部分出现的次数画出直方图。在实际应用中,为了达到较好的效果,词汇数量 K 非常庞大,目标类数目也很多,对应的 K-means 分类中的 K 值聚类也越大。最终实现输入图像的频率直方图,在数据库中查找 K 个最近邻的图像,根据这 K 个近邻来给图像的分类结果投票。

4.5 ImageAI模块使用实战

ImageAI是一个Python的库,它能使开发人员用简单几行代码构建具有深度学习和计算机视觉功能的应用程序和系统。它是由Moses Olafenwa和John Olafenwa开发并维护的。

4.5.1 ImageAI模块的安装

对于ImageAI模块来说,针对Python的版本是有一定的限制的,其暂时只支持3.5.1或之后的版本,一般都是用3.6。支持其工作的其他Python模块也有很多,具体如下。

安装TensorFlow的版本在1.4.0以上,安装命令如下。

```
pip3 install tensorflow
```

安装Numpy的版本在1.13.1以上,安装命令如下。

```
pip3 install numpy
```

安装SciPy的版本在0.19.1以上,安装命令如下。

```
pip3 install scipy
```

安装OpenCV模块,安装命令如下。

```
pip3 install opencv-python
```

安装Pillow模块,安装命令如下。

```
pip3 install pillow
```

安装Matplotlib模块,安装命令如下。

```
pip3 install matplotlib
```

安装h5py模块,安装命令如下。

```
pip3 install h5py
```

安装Keras的版本在2.0以上,安装命令如下。

```
pip3 install keras
```

做好准备工作后,就可以直接使用pip3安装,安装命令如下。

```
pip3 install imageai
```

4.5.2 ImageAI模块实现物体检测

ImageAI模块中提供了ObjectDetection物体检测的方法,调用此方法后,使用预先训练好的模型文件,在模型选择上首选YOLO,因为速度快,yolo.h5就是YOLO算法的权重文件,加载模型文件后,就可以根据模型文件的内置算法从图像中进行物体检测。具体代码如下。

```
from imageai.Detection import ObjectDetection
import os
execution_path = os.getcwd()
detector = ObjectDetection()
detector.setModelTypeAsYOLOv3()
detector.setModelPath( os.path.join(execution_path , "models/yolo.h5"))
detector.loadModel()
detections = detector.detectObjectsFromImage(input_image=os.path.join
(execution_path , "pandas.png"), output_image_path=os.path.join(execution_path ,
"imagenew.jpg"))
for eachObject in detections:
    print(eachObject["name"], " : ", eachObject["percentage_probability"], " : ",
eachObject["box_points"])
```

代码完成了对输入图片的物体检测。程序首先调用os模块的getcwd()方法获取当前的项目路径,接下来实例化ImageAI模块中的ObjectDetection()物体检测类,实例化后设置模型的类型为YOLOv3的网络结构,使用方法setModelTypeAsYOLOv3(),无需传入任何参数。然后再设置yolo.h5的模型文件路径,这里就使用了os.path.join语句将程序通过os.getcwd()获取的项目目录与文件名结合在了一起,用setModelPath方法来设置模型文件的路径,再用loadModel()方法加载设置的模型,最后通过detectObjectsFromImage方法将输入的图像应用模型文件进行物体检测并输出结果,其中的参数input_image传入输入的图像,output_image_path设置输出的文件名称。执行结果返回的物体检测的分类和坐标存储在detections变量中,遍历detections变量中的每个字典元素,并打印每个字典元素中预测的分类名name属性、box_points物体坐标点属性及percentage_probability准确率。

在程序运行前的输入图像如图4.27所示。

图4.27　ImageAI模块实现物体检测的输入图像

程序控制台输出的结果如图4.28所示。

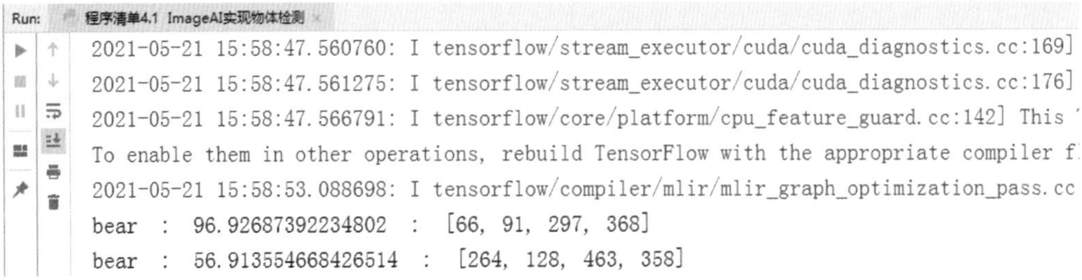

图 4.28　ImageAI 模块实现物体检测的控制台输出结果

从图 4.28 控制台的输出结果上看,最后两行都显示的英文是"bear",也就是图像检测出的物体的分类,可以看出输入的图片被分到了"bear"中,传入不同的物体图片,其输出的物体分类名称也不同。"bear"后面的实数表示准确率的概率数字,最后列表中的数据就是分类为"bear"的物体显示的位置。有两行这样的数据,就识别出了两个这样的物体。

识别后会生成新的图像名称"imagenew.jpg",其内容如图 4.29 所示。

图 4.29　ImageAI 模块实现物体检测的输出图像

从输出的图像结果也能看出,图片中的两只熊猫都被识别出来了,并划分到了"bear"类别中,物体框上面的百分比显示其准确率。

由此可见,ImageAI 的物体识别功能还是很强大的。

4.6　本章小结

本章主要学习了对物体识别技术的认知及 ImageAI 模块的使用。首先从计算机视觉的角度谈到了计算机对图像的理解,进而到物体检测的各种方法,从滑动窗口法到图像金字塔,再从图像金字塔到CNN卷积神经网络,同时还讲解了提取图像特征方面的技术。

在图像识别的实战方面,利用ImageAI物体识别模块,对输入的图像使用对应的模型文件,就可以得到含有分类和坐标点的输出图像结果。物体识别技术也在不断发展中,使用模块的方法可以方便地找出图像中的物体,但也不一定是万能的,更好的方法是自行开发机器学习的训练集和测试集,更合理地使用模型,对物体识别进行分类方面的拓展和准确率的提升。

第5章

直击人脸识别

图 5.1　街头闯红灯人脸抓拍

"闯红灯"是个很危险的行为,但现实生活中很多人还是会这样做。

图 5.1 为广州某街头路口的红绿灯设施,"闯红灯人脸抓拍,人脸配合违法警示",这样的设备将闯红灯的人脸抓取出来,在电子牌上显示出来,更好地提醒路人注意红绿灯的存在,提高人们的安全意识。人脸识别就是从人群中提取脸部信息。

5.1　人脸识别的理解

人脸识别,是依据人的面部特征自动进行身份识别的一种生物识别技术,也可以称为面貌识别、面孔识别、面部识别等,其实说得通俗一点,就是"刷脸",也是基于光学人脸图像的身份识别与验证的简称。

人脸识别利用摄像机或摄像头采集含有人脸的图像后,自动在图像中检测、跟踪和锁定到人脸,后面就会对检测到的人脸图像进行一系列的相关操作。例如,人脸可以被当作钥匙,对安全锁进行开锁和上锁。智能手机搭载"人脸识别"的功能提高了手机隐私的安全性。在日本长崎有一家比较奇怪的旅馆,说奇怪的原因是里面空无一人,只有机器人来接待客人。在旅馆的接待处是可以刷脸的,人脸也是进入房间的验证钥匙,如图5.2所示。

在人脸识别中,不同的脸有着不同的特征,也就是不同的维度,即便是相似的脸也会有某些维度上的不同。机器需要把特定的脸转化成数字,因为机器认识一张脸只能通过理解数字。表示一张脸可以用多种维度的数字,这就是特征向量,一个特征向量包括特定顺序的各种数字。

举个例子,一张脸映射到一个特征向量上,可以由图5.3所示的几个特征向量简单说明。

图5.2　刷脸进房间

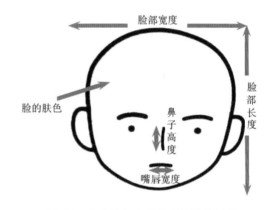

图5.3　人脸特征向量维度的简单说明

通过图5.3所示的特征向量,给定一张图片,可以用数值标注不同特征,将其转化为表5.1所示的特征向量。

表5.1　人脸特征向量表

脸部长度(cm)	脸部宽度(cm)	平均肤色(RGB)	嘴唇宽度(cm)	鼻子高度(cm)
24.2	16.1	(255,224,189)	5.4	7.4

表5.1中的特征向量在Python中可以用元素的形式表示为$(24.2,16.1,(255,224,189),5.4,7.4)$。当然,这些只是人脸中的部分特征,还可以增加其他的特征,如头发的颜色、是否戴眼镜等。

有了特征向量,就可以对图片进行解码,也就是对图片进行数字的转换,转换后的图片就是其中一张人脸的特征向量。当两张面部图片的特征向量非常相似时,即两个特征向量数字之间的"距离"

非常小,就可能是同一张人脸,这就是人脸识别。

机器学习在这个过程中完成了以下两件事。

(1)提取了特征向量。在实际应用中,提取的特征值会非常多,手动列出这些特征是非常困难的。一个机器学习算法可以自动标注提取出来的相当多的特征。

(2)匹配算法。有了特征向量,机器学习算法可以将图片和语料库中的特征向量进行匹配。

5.2　人脸识别的发展简史

人脸识别的研究历史可以分为三个阶段。

第一阶段为初级阶段,时间从20世纪的50年代到80年代。这一阶段人脸识别被当作一般性的模式识别问题,主要是基于人脸的几何结构特征,集中表现为对剪影的研究,非常重要的成果不多,也基本没有实际的应用。

第二阶段为高潮阶段,时间是20世纪90年代。这一阶段人脸识别发展迅速,出现了若干商业化运作的人脸识别系统,如著名的Visionics(现在是Identix)的Facelt系统。从技术方案上看,2D人脸图像线性子空间判别分析、统计表观模型、统计模式识别方法是这一阶段的主流技术。

第三阶段是现今的百家争鸣阶段,是从20世纪90年代末到现在。随着研究的不断深入,研究者更关注真实条件的人脸识别问题。主要包括以下4个方面。

(1)提出不同的人脸空间模型,包括以线性判别分析为代表的线性建模方法、以Kernel方法为代表的非线性建模方法和基于3D信息的3D人脸识别方法。

(2)深入分析和研究影响人脸识别的因素,包括光照不变人脸识别、姿态不变人脸识别和表情不变人脸识别等。

(3)利用新的特征表示,包括局部描述和深度学习方法。

(4)利用新的数据源,如基于视频的人脸识别和基于素描、近红外图像的人脸识别。

目前,人脸识别技术已在中国得到广泛应用,涉及移动支付、交通枢纽安全、企业门禁考勤等诸多场合。随着技术水平的不断提高,人脸识别技术在中国的应用将进一步扩大。未来,随着人工智能等新一代信息技术的快速商业应用,人脸识别技术将作为一种更有效的身份验证和识别手段,其相对价值仍然具有很大的挖掘空间。

5.3　人脸识别系统组成

自动人脸识别可以分为4个步骤:人脸检测、面部特征点定位、特征提取与分类器设计。根据这样的流程特点,可以得到人脸识别系统的组成,如图5.4所示。

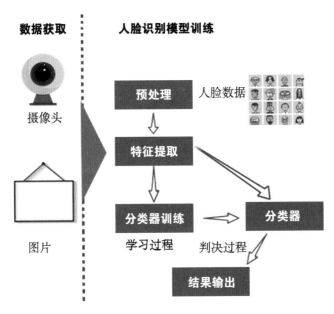

图 5.4 人脸识别系统的组成

下面针对性地对人脸识别系统中的每个部分进行分析。

5.3.1 数据获取

每一张不同的人脸图像都可以通过摄像头、照片等手段获取,可以获取不同的方位、不同的表情等。决定数据获取部分的主要因素有以下几个。

1. 图像大小

图像大小在一定程度上反映人脸离摄像头的距离远近。人脸如果过小,说明距离太远,这样会影响识别效果;人脸如果过大,说明距离过近,这样影响识别速度。一般摄像头设定的最小识别人脸像素为60*60或100*100以上。

2. 图像分辨率

图像分辨率其实也是影响图像大小的一个因素,图像大小综合了图像分辨率,因此也影响摄像头识别距离。图像分辨率越低,越难识别。目前来讲,7K的摄像头能看清人脸的最远距离是20米。

3. 光照环境

图片效果由于光照环境的原因会有过曝或过暗的情况,这也会影响人脸识别效果。这种情况可以使用摄像头自带的功能补光或滤光平衡光照影响,当然,用算法模型去优化图像光线也是可以的。

4. 模糊程度

人脸的移动相对于摄像头经常会产生运动模糊,模糊的程度也会影响人脸识别的效果。可以利用部分摄像头的抗模糊功能,当然,通过算法模型优化此问题也是可行的。

5. 遮挡程度

在实际场景中,很多人脸都会被帽子、眼镜、口罩等遮挡物遮挡,这部分数据有别于面部无遮挡、边缘清晰的图像,需要根据算法要求决定是否去除掉。

6. 采集角度

在很多场合中,除非是有组织地拍摄,不断调整角度,否则往往很难抓拍到正脸。对于算法模型而言,训练集应该包含左右侧人脸、上下侧人脸的数据。

5.3.2　图像预处理

基于人脸检测结果对图像进行预处理是特征提取的过程。由于获取的原始图像受到各种外在条件的限制和随机因素的干扰,往往不能直接使用,必须在图像处理阶段对它进行灰度矫正、噪声过滤等图像预处理。

一般的图像预处理可能包括图 5.5 所示的步骤。

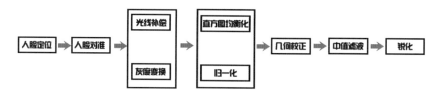

图 5.5　图像预处理的步骤

在图像预处理的过程中,人脸定位就是输入一张图片,机器能够在这张图片中找出人脸的位置,例如在人脸的位置画出一个框,如图 5.6 所示(本图片只是用来说明人脸识别的定位)。

图 5.6　人脸定位效果图在电影《泰坦尼克号》中的显示

但是,输入的图片内人脸的大小是不固定的,需要对原图进行多次缩放后才可以确定大小,这样一张人脸可能被多次识别,我们只需要一个最准确的结果就可以了。图 5.7 所示为人脸被多次识别的效果(本图片只是用来说明人脸识别的定位)。

图5.7 人脸被多次识别的效果图

最终会在这些可能的人脸定位结果中取概率值最大的,实现人脸对准。当光照条件发生变化时,人脸颜色和灰度值会发生一定的变化,精确的人脸颜色补偿需要建立行之有效的自适应亮度补偿算法。

图像直方图是反映图像像素分布的统计表,其横坐标代表了图像像素的种类,可以是灰度的,也可以是彩色的。纵坐标代表了每一种颜色值在图像中的像素总数或占所有像素个数的百分比。图像是由像素构成的,因为反映像素分布的直方图往往可以作为图像中一个很重要的特征。

图像灰度直方图:一张数字图像有0~255灰度级,直方图定义如下:

$$h(g_k) = n_k$$

其中,g_k是第k个灰度级(如255),n_k是该灰度级的个数。

归一化直方图定义为:

第k个灰度级出现的数量比上所有灰度级数量的总和,也就是概率。

输入一张图像,转化成直方图的效果如图5.8所示。

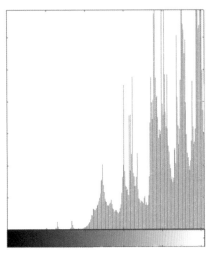

图5.8 图像的直方图效果

几何校正、中值滤波和锐化都是针对图片的平滑操作,以消除噪声。

5.3.3 人脸识别的主要算法

在人脸识别领域,描述人脸特征的数据相对庞大,为了提取人脸主要的特征数据,提高识别系统的运行效率,对特征数据进行降维是必要的操作。

这里讨论的人脸识别的主要算法也是针对人脸特征数据降维的。

1. 特征脸

将训练集中每个人的脸拉成一列,然后组合在一起形成一个大矩阵 A。若人脸图像大小为 $m*m$,则大矩阵 A 的维度是 $m*m*N$,N 为训练集中人脸的个数。将 N 个人脸在对应的维度求平均,得到一个"平均脸",将大矩阵 A 中的 N 张图像都减去"平均脸",得到新矩阵 B,计算这个新矩阵 B 的协方差矩阵,继而计算协方差矩阵的特征值和特征向量,也就是特征脸。

其实这种算法就是一种从主成分分析中导出的人脸识别和描述技术,叫主成分分析(Principal Component Analysis,PCA)。

PCA算法决定了特征脸方法的主要思路是将输入的人脸图像看作一个个矩阵,通过在人脸空间中建立一组正交向量,并选择最重要的正交向量作为"主成分"来描述原来的人脸空间。

图5.9为特征脸的效果图。

图 5.9　机器学习中的特征脸效果图

2. 渔夫脸

Belhumer 成功将 Fisher 判别准则应用于人脸分类,提出了基于线性判别分析的 Fisherface 方法,其目的是找到一种特征组合方式,达到最大的类间离散度和最小的类内离散度。这个想法很简单:在低维表示下,相同的类应该紧紧地聚在一起,而不同的类别尽量远离。该方法在采用主成分分析(PCA)对图像表观特征进行降维的基础上,采用线性判别分析(LDA)的方法变换降维后的主成分,以期获得"尽量大的类间离散度和尽量小的类内离散度"。线性判别分析方法要求将数据在低维度上进行投影,投影后希望每一种类别数据的投影点尽可能接近,而不同类别数据的类别中心之间的距离尽可能大。

这种算法的渔夫脸效果如图5.10所示。

图 5.10　机器学习中的渔夫脸效果图

3. 拉普拉斯脸

拉普拉斯脸旨在保持人脸空间的局部几何结构,利用拉普拉斯脸来描述人脸空间和进行人脸图像的降维,对非理想条件下光照、角度、表情多变的人脸图像,能做到更加准确的识别和预测。拉普拉斯脸能够将人脸图像数据映射到一个2维空间内,其中人脸图像的角度和表情是连续变化的。由于拉普拉斯脸考虑了人脸流形的局部几何结构,其降维结果能够很好地保持人脸图像数据中的自然聚类。拉普拉斯脸是对人脸流形上拉普拉斯—贝特拉米算子特征函数的最优线性近似。

图5.11所示为拉普拉斯脸的效果图。

图5.11　机器学中的拉普拉斯脸效果图

5.3.4　人脸识别的主要特征点

人脸识别算法中的各种理论都是针对如何对人脸特征数据进行降维的,也就是对于检测人脸来说,主要是检测人脸主要特征的特征点,根据这些特征点对人脸做对齐校准。2014年,Vahid Kazemi和Josephine Sullivan发明了一种方法,给人脸的重要部分选取68个特征点,这68个点的位置是固定的,只需要对系统进行一些训练,就能在任何脸部找到这68个点。在一些人脸识别的框架中,这68个特征点也叫Landmarks。图5.12所示为脸部特征的68个特征点。

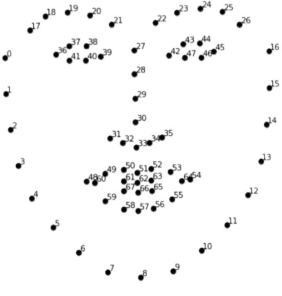

图5.12　脸部的68个特征点

有了这68个特征点,就可以对人脸进行校正了,主要是通过仿射变换将原来比较歪的脸摆正,尽量消除误差。这里的仿射变换主要还是进行一些旋转、放大、缩小或轻微的变形,而不是夸张的扭曲。图5.13所示为通过68个特征点对图像进行修整。

图5.13　通过68个特征点对图像进行修整

5.3.5　人脸检测和人脸识别的技术指标

在人脸检测过程中,有一些关键性的指标,如下所示。

(1)检测率:识别正确的人脸/图中所有的人脸。例如,摄像头抓拍100张人脸,识别出90张人脸数据,但识别正确的只有85张,其他都是干扰项。

(2)误检率:识别错误的人脸/识别出来的人脸。例如,摄像头抓拍100张人脸,识别出90张人脸,有15张是将某些树木草植或路标误识为人脸。

(3)漏检率:未识别出来的人脸/图中所有的人脸。例如,摄像头抓拍100张人脸,识别出90张人脸数据,而100张人脸中有95张是人脸数据,有5张没有识别出来。

(4)速度:从采集图像完成到人脸检测完成的时间。这个指标是很好理解的。

完成人脸检测后,把包含人脸的图像识别出来,涉及人脸识别中的关键指标:精确率和召回率。100张样本图片里,共有60张正样本,相似度为0.9的图片一共20张,其中正样本为19张。虽然0.9阈值的正确率很高,为19/20,但是正确输出的数量却很少,只有19/60。这样很容易发生漏识的情况。

(5)精确率:识别为正确的样本数/识别出来的样本数=19/20。

(6)召回率:识别为正确的样本数/所有样本中正确的数=19/60。

5.4　人脸识别模块实战

人脸检测和识别在Python中可以使用模块face-recognition来实现,这个模块基于dlib技术,dlib又依赖Boost和CMake。所以在Windows系统中,Python在安装face-recognition模块时,要安装dlib模块,就必须安装CMake,并且设置CMake的环境变量。可以通过安装Visual Studio软件来完成CMake,但必须保证Visual Studio是2015以上的版本,如图5.14所示。

图 5.14 Visual Studio 2015 版本

在安装 Visual Studio 时要保证安装了 C++模块,因为 C++模块中有 CMake 工具。比 Visual Studio 2015 高的版本在安装过程中可以看到这个组件项,如图 5.15 所示。

Visual Studio 安装成功后,设置 CMake 的环境变量,如图 5.16 所示。

图 5.15 Visual Studio 2019 安装中设置 CMake 的组件项　　图 5.16 设置 CMake 环境变量

接下来,就可以安装人脸识别模块 face-recognition 了。

5.4.1 人脸识别模块 face-recognition 的安装

安装 face-recognition 模块的指令可以使用 pip3 工具进行,命令如下:

```
pip3 install face-recognition
```

Visual Studio 版本比较占空间,如果觉得空间占用比较大,可以安装完 face-recognition 后,卸载

Visual Studio。

face-recogntion可以使用的主要功能包括脸部位置检测、脸部关键点检测、脸部识别、对网络摄像头中采集到的人脸进行高斯模糊处理，还有美妆等功能，不过face-recognition的美妆不太容易控制，显不出来美。

下面就从脸部位置检测、脸部识别及脸部关键点检测进行美妆等方面对face-recognition模块进行介绍。

5.4.2　face-recognition人脸识别模块的脸部位置检测

从图片中识别出人脸的位置，是人脸识别类模块最基本的功能。人脸识别模块face-recognition是使用face_locations方法来返回被识别图片中每一个人脸矩形的四个角的坐标位置列表。每张人脸的坐标位置也是按照从顶部开始，顺时针方向的位置分布，即上、右、下、左，对应英文是top、right、bottom和left。

人脸识别的代码如下。

```
import face_recognition
from PIL import Image
face_img=face_recognition.load_image_file("face.jpg")
locations=face_recognition.face_locations(face_img)
i=0
for location in locations:
    i+=1
    top,right,bottom,left=location
    cut_face_img=face_img[top:bottom,left:right]
    cut_img=Image.fromarray(cut_face_img)
    cut_img.save("cut_face"+str(i)+".jpg")
```

代码实现了将输入的一张图片文件中含有的脸部切分之后各自输出成文件的功能。程序首先调用face_recognition人脸识别模块中的load_image_file方法，这个方法实现了图片文件的加载，将图片文件加载成功后，通过face_locations方法实现脸部位置的定位。因为并不清楚图片中有多少张人脸，所以通过遍历获取脸部位置列表，将列表中的每一个数据进行上、右、下、左位置点的拆分，拆分后利用切片的原理获取脸部数据。Pillow模块引入后，其标志为PIL，通过导入PIL中的Image类，调用由矩阵产生图像的方法fromarray。最后把切分后的脸部图像输出，代码中的变量i通过i+=1语句实现自加，其目的是区分不同的脸部数据，最终形成不同的脸部图片名称。

上述代码运行前的文件face.jpg内容如图5.17所示。

图5.16通过人脸识别模块的脸部位置检测切分后的效果图如图5.18所示。

图 5.17 人脸识别模块的脸部位置检测输入图像 图 5.18 人脸识别模块的脸部位置检测切分后的结果

因为输入图片中有一张主角人脸,还有一张模糊的配角人脸,所以输出结果中出现了两张人脸的效果图。运行结果达到了脸部位置的检测。

5.4.3 face-recognition 人脸识别模块的脸部识别

脸部识别的意思就是脸部数据的比对,比较一下两张人脸是不是相似的脸。人脸识别模块 face-recognition 中使用 compare-faces 进行人脸的比对。不过,在进行人脸比对之前,需要使用 face-encoding 方法对人脸进行编码,实现人脸之间的比对,也就是人脸编码之间的比对,相当于前面算法中提到的特征值的比对。程序代码如下。

```
import face_recognition
face_img1=face_recognition.load_image_file("myface1.jpg")
face_img2=face_recognition.load_image_file("myface2.jpg")
face_img1_encoding=face_recognition.face_encodings(face_img1)[0]
face_img2_encoding=face_recognition.face_encodings(face_img2)[0]
results = face_recognition.compare_faces([face_img1_encoding],face_img2_encoding)
print(results)
```

代码实现了两个脸部数据的比对。程序首先两次使用 face-recognition 模块的加载图方法 load_image_file 加载两张人脸图片,再分别使用两次 face_encodings 对两张图片进行人脸的编码,编码后的数据是 array 数组形成的列表,格式如下:

```
[array([-0.02859441,  0.03978653, -0.07427234, -0.03906249, -0.09095415,…])]
```

通过格式可知,最终需要的是列表中的 array 数据,array 处于列表中的第一位,就会出现[0]这种零索引值的调用。

编码后使用 compare_faces 进行人脸比对,compare_faces 的第一个参数是一个列表,表示可能有多个脸部数据,每个脸部数据都需要和 compare_faces 的第二个参数进行比对,最后比对结果的输出是一个列表数据。

脸部比对的两张图片 myface1 和 myface2 使用不同时间的截取结果,如图 5.19 所示。

由图5.19可知,输入的两张图片还是有很多差别的,比如明暗度和表情。本小节的程序代码运行后,输出结果如图5.20所示。

图5.19　人脸识别输入图片

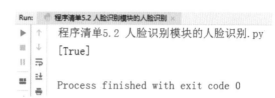

图5.20　人脸识别的输出结果

5.4.4　face-recognition人脸识别模块的脸部关键点检测及美妆

face-recognition 人脸识别模块也可以实现人脸的关键点检测,涉及人脸的 chin(下巴)、left_eyebrow(左眉毛)、right_eyebrow(右眉毛)、nose_bridge(鼻梁)、nose_tip(鼻尖)、left_eye(左眼)、right_eye(右眼)、top_lip(上嘴唇)、bottom_lip(下嘴唇)。face_recognition 模块中的 face_landmarks 方法可以输出相关的信息。代码如下。

```
import face_recognition
face_img1=face_recognition.load_image_file("myface1.jpg")
face_img1_landmarks=face_recognition.face_landmarks(face_img1)
print(face_img1_landmarks)
```

这段代码实现了 face_recognition 人脸识别模块中的脸部关键点输出。程序首先使用 face_recognition 模块中的 load_image_file 方法加载脸部数据图片,然后调用 face_recognition 模块中的 face_landmarks 方法获取脸部关键点,最后输出脸部关键点数据。输出结果如图5.21所示。

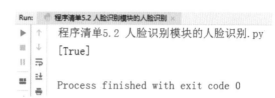

图5.21　脸部关键点检测输出结果

从结果上看,"chin"表示下巴有17个特征关键点,"left_eyebrow"表示左眉毛有5个特征关键点,

"right_eyebrow"表示右眉毛有5个特征关键点,"nose_bridge"表示鼻梁有4个关键点,"nose_tip"表示鼻尖有5个关键点,"left_eye"表示左眼有6个关键点,"right_eye"表示右眼有6个关键点,"top_lip"表示上嘴唇有12个关键点,"bottom_lip"表示下嘴唇有12个关键点。一共72个关键点构成了face-recognition的脸部特征关键点,将每一个器官对应的关键点形成多边形或线条,再涂上色彩,就相当于美妆。代码如下。

```
import face_recognition
from PIL import Image,ImageDraw
face_img1=face_recognition.load_image_file("myface1.jpg")
landmarks=face_recognition.face_landmarks(face_img1)
img=Image.fromarray(face_img1)
draw=ImageDraw.Draw(img)
for landmark in landmarks:
    draw.polygon(landmark["left_eyebrow"],fill=(65,50,54,128))
    draw.polygon(landmark["right_eyebrow"],fill=(65,50,54,128))
    draw.line(landmark["left_eye"],fill=(0,0,0,100),width=3)
    draw.line(landmark["right_eye"],fill=(0,0,0,100),width=3)
    draw.polygon(landmark["nose_bridge"],fill=(200,70,40,150))
    draw.polygon(landmark["top_lip"],fill=(150,0,0,128))
    draw.polygon(landmark["bottom_lip"],fill=(150,0,0,128))
    img.save("f.png")
```

以上代码完成了对人脸图片的简易美妆效果。程序首先调用face_recognition模块的加载方法load_image_file加载人脸图片,然后调用face_landmarks获取图片中脸部数据的特征关键点,形成五官的特征关键点列表。遍历列表中的每一项,首先描眉,对"left_eyebrow"表示的左眼眉使用polygon画多边形,参数fill的作用是对左眼眉进行着色,色调rgba的值为(65,50,54,128);对"right_eyebrow"表示的右眼眉也使用polygon画多边形,参数fill填充与左眼眉一样的颜色。接下来画眼线,对"left_eye"表示的左眼睛使用line方法画线,填充的色调rgba的值为(0,0,0,100),线的宽度line定义为3;对

"right_eye"表示的右眼睛也使用line方法画线,填充的色调与左眼睛一致,线的宽度也一致。然后绘鼻线,"nose_bridge"表示的鼻梁使用polygon方法画多边形,参数fill填充色调(200,70,40,150)。最后画口红,对"top_lip"表示的上嘴唇使用polygon方法画多边形,参数fill填充色调(150,0,0,128),颜色偏红,透明度为128;对"bottom_lip"表示的下嘴唇使用polygon方法画多边形,参数fill色调同上嘴唇一致。对这张图片中的五官完成简易多边形及线性的美妆后,save方法输出最终的图片,名称为"f.png"。

程序运行后,输出的图片结果如图5.22所示。

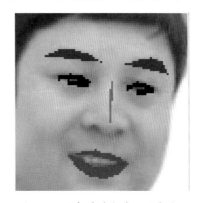

图5.22　脸部关键点美妆输出结果

5.5 本章小结

　　本章主要学习了对人脸识别的流程及算法的认识。首先从人脸识别的具体理解入手,进而到人脸识别的历史发展,使读者对人脸识别的技术有一个整体的认识。接下来从人脸识别的整体流程入手,从输入图像的来源到特征向量的因素,再到具体的算法,最后落实到人脸检测和人脸识别的关键指标上。

　　在人脸识别的实战方面,充分利用face_recognition人脸识别模块,使用face_locations方法实现人脸的检测并使用代码程序进行图片中人脸的截取,使用face_compares对人脸数据进行比对和识别,使用face_landmarks对人脸数据的特征关键点进行获取,并对关键点的五官做美妆处理。虽然美妆结果不尽如人意,但人脸识别技术有一个发展过程,我们可以充分发散思维,不断地为智能产品添加人脸识别的技术加分项。

第6章

揭秘语音识别

图6.1　微信聊天的语音识别

微信的语音聊天在微信的广泛使用中得到了一定的推广。

图6.1中，某人在微信聊天中按住按钮说话，声音就变成了文字，用起来十分方便。

6.1 关于对音频的认知

一曲歌声响起，一段旋律萦绕，四个导师的滑轨，听到优美的歌声，动人的旋律，拍一下前面的按钮，就可以转身滑下滑轨，亮相于选手的面前。这不是《中国好声音》的现场，而是另类比赛形式，叫音乐简谱识别，通过音调的起伏编排来完成简谱"1234567"的组合排序，这就是对声音底层蕴藏内容的识别。如图6.2所示，导师不再只听旋律，而是听其音，识其谱。

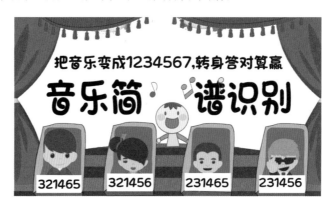

图 6.2　音乐简谱识别现场的畅想

这种场景其实是对声音的深层次阐释。

人们所听到的声音一般具有三个属性，即音调、响度和音色。音调是指声音的高低，由"频率"这个特征值来决定，频率是每秒经过一给定点的声波数量，它的测量单位为赫兹，频率越高，音调就越高。响度是人主观上感觉到的声音大小，俗称为音量，由"振幅"和人离声源的距离决定，振幅越大，响度越大，人和声源的距离越近。音色又称音品，声音因不同物体材料的特性而具有不同特性，音色本身是一种抽象的东西，但波形将其直观表现了出来，音色不同，波形则不同。如图6.3所示，钢琴和长笛对应不同的音色。

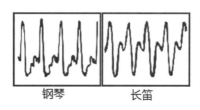

图 6.3　钢琴和长笛对应不同的音色

与机器进行语音交流，让机器明白你在说什么，这是机器的听觉系统。语音识别也是这样的原理，就是让机器通过识别和理解过程把语音信号转变为相应的文本或命令，主要包括特征提取技术、模式匹配准则及模型训练技术三个方面。

一个完整的语音识别系统通常包括信息处理和特征提取、声学模型、语言模型和解码搜索4个模块,如图6.4所示。

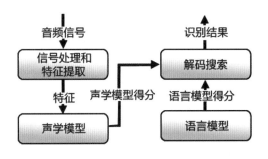

图6.4　语音识别系统的构成

信号处理和特征提取可以视作音频数据的预处理部分,一般来说用到的语音片段或多或少都有噪声存在,所以在正式进入声学模型之前,需要通过消除噪声和信道增强等预处理技术,先将信号从时域转化到频域,然后为之后的声学模型提取有效的特征向量。语言模型通过自然语言处理得到一个语言模型得分,最后解码搜索阶段会针对声学模型得分和语言模型得分进行综合,将得分最高的词序列作为最后的识别结果。这便是语音识别的一般原理。

6.2　音频信号识别过程

任何自动语音识别系统的第一步都是提取特征。梅尔频率倒谱系数(MFCCs)是广泛应用于自动语音和说话者识别的功能。

6.2.1　梅尔频率倒谱系数

梅尔频率倒谱是一种语音特征提取技术,目的是从人发出的音频中去除噪声和情感的影响,提取特征值便于作进一步的分析。比如在车辆行驶过程中,人与人的交谈就会受到音乐声、空调声等环境因素的干扰,从而降低语音识别的准确率。

在理解梅尔频率倒谱的原理之前,首先从语音信号的描述谈起。

对于语音信号,如何描述它是很重要的,不同的描述方式反映了不同的信息。一般波形图的使用可以更好地帮助理解语音信号,这种波形图也叫声谱图。

在声谱图的研究中,峰值部分表示语音的主要频率成分,这里把这些峰值称为共振峰。共振峰往往携带了声音的辨识属性,就像每个人的身份证标识一样,特别重要。用峰值可以识别不同的声音,如图6.5所示。

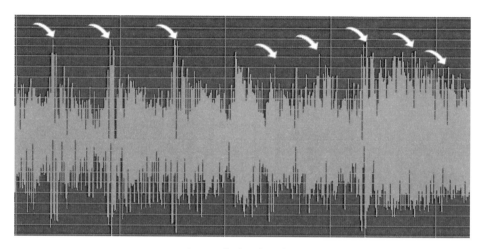

图 6.5　声谱图峰值表示

图 6.5 中所示的波峰并不是一成不变的,重要的波峰需要提取出来的不仅仅是共振峰的位置,还需要提取其转变过程。这些共振峰点形成的平滑曲线可以更好地体现其转变过程,这条平滑曲线称为包络。图 6.6 所示为包络曲线。

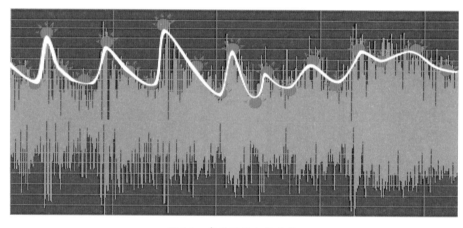

图 6.6　声谱图的包络曲线

由图 6.6 可知,这样的包络曲线其实也忽略了某些细节,所以将原始的声谱分为两部分:包络和频谱的细节。可以把 $X[k]$ 比作某一部分的频谱,$H[k]$ 代表某一部分的包络,$E[k]$ 代表这部分包络的频谱细节。$H[k]$ 与 $E[k]$ 的乘积可以得到 $X[k]$,两边取对数,就可以把乘法变成加法的问题。所得公式如下。

$$\log X[k] = \log H[k] + \log E[k]$$

根据公式,包络的提取变成解决问题的关键。包络既然是一条平滑的曲线,那么这就是一个线性变化的问题。线性变化的问题可以通过傅里叶变换解决,傅里叶变换是一种线性的积分变换,其提出"任何连续周期信号都可以由一组适当的正弦曲线组合而成"。原始的声谱虽然类似于三角形,正弦曲线似乎无法组合成一个带有棱角的信号,但是可以用正弦曲线来非常逼近地表示它,逼近到两种表示方法不存在能量差别。如图6.7所示,不同幅度的正弦波无限逼近三角形。

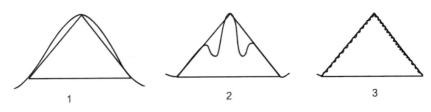

图6.7　不同幅度的正弦波无限逼近三角形

由图6.7可知,随着正弦波数量逐渐增长,它们最终会叠加成一个标准的三角形。任何波形都可以用正弦波叠加起来,前提是正弦波要足够多。

傅里叶变换的公式如下:

$$F(w) = F[f(t)] = \int_{-\infty}^{\infty} f(t)e^{-iwt}\,dt$$

在此公式中,$F(w)$叫作$f(t)$的象函数,$f(t)$叫作$F(w)$的象原函数。$F(w)$是$f(t)$的象,$f(t)$是$F(w)$的原象。

有了傅里叶变换,可以通过一段语音的声谱图得到其频谱包络。但是,心理学研究表明,人类对于声音音调的感觉其实都不是线性的,也就是人类听觉的感知只聚焦在某些特定的区域,而不是整个频谱包络。基于人类听觉感知实验只关注某些特定频率分量的问题,研究者根据心理学实验得到了类似于耳蜗作用的一组滤波器组,这就是Mel滤波器组。Mel滤波器组可以让某些频率的信号通过,直接无视不想感知的某些频率信号。将普通频率转化到Mel频率的公式如下:

$$Mel(f) = 2595*\log_{10}(1 + \frac{f}{700})$$

公式对应的图像如图6.8所示。

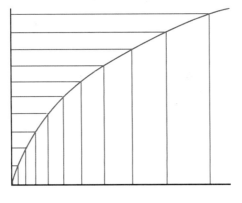

图6.8　Mel频率的图像表示

由图6.8可以看到,不统一的频率可以转化为统一的频率,也就是统一的滤波器组。

把线性频谱映射到基于听觉感知的Mel非线性频谱中,然后转换到倒谱上,就是所谓的梅尔频率倒谱系数。这里谈到的倒谱就是一种信号的傅里叶变换经对数运算后再进行逆傅里叶变换得到的例谱,其计算过程如图6.9所示。

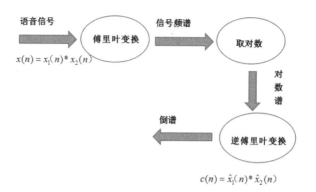

图6.9　语音信号经傅里叶变换到倒谱的过程

梅尔频率倒谱系数,英文全称为Mel-Frequency Cepstral Coefficients,英文简称MFCCs。提取MFCCs特征的过程如下。

(1)先对语音进行预加重、分帧和加窗。

(2)对每一个短时分析窗,通过快速傅里叶变换(FFT)得到对应的频谱。

(3)将上面的频谱通过Mel滤波器组得到Mel频谱。

(4)在Mel频谱上面进行倒谱分析,获得梅尔频率倒谱系数。

用图示的方法概括,如图6.10所示。

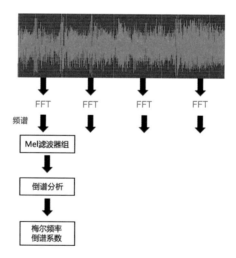

图6.10　梅尔频率倒谱系数过程

6.2.2　隐马尔可夫模型

隐马尔可夫模型的英文全称是Hidden Markov Model,英文简称HMM,是一种统计模型,广泛应用在语音识别中,成为一种通用的统计工具。

认识隐马尔可夫的过程可以从认识马尔可夫开始。

现在很多人都养宠物,这里利用宠物的三件事情为状态说明马尔可夫的过程,那就是宠物玩、宠物吃和宠物睡。当然,对于宠物来说,不止这三件事情的切换,比如宠物拉。其实很多事物都是很多种状态的切换,三种状态使问题不那么复杂。从宠物玩到宠物吃,从宠物吃到宠物睡,从宠物睡到宠物玩,对于这几个状态来说,宠物会在任意两个状态中切换,每个状态的转移都是有概率的,这些状态是经常变化的,如图6.11所示。

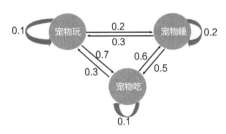

图6.11　宠物状态链马尔可夫过程

由图6.11可知,一个状态的转移只依赖之前的状态,马尔可夫链是随机变量$S_1,\cdots,S_t$的一个数列(状态集),这些变量的范围,即它们所有可能取值的集合,被称为"状态空间",而S_t的值是在时间t的状态。如果S_{t+1}对于过去状态的条件概率分布仅是S_t的一个函数,则有如下公式:

$$P(S_{t+1} = x|S_0,\cdots,S_t)$$
$$= P(S_{t+1} = x|S_t)$$

式中的x为过程中的某个状态。这个等式也称为马尔可夫假设,马尔可夫假设可以理解成一个状态的转移只依赖之前的一个状态,也就是S_{t+1}的值只与S_t有关系。这个关系也可以通俗地理解成,"将来"的成就不依赖"过去",而仅依赖已知的"现在"。

对于一个含有N个状态的马尔可夫链,有N_2个状态转移,每一个状态转移的概率称为状态转移概率,也就是从一个状态转移到另一个状态的概率。对于图6.11的概率,可以用一个状态转移矩阵来表示,如图6.12所示。

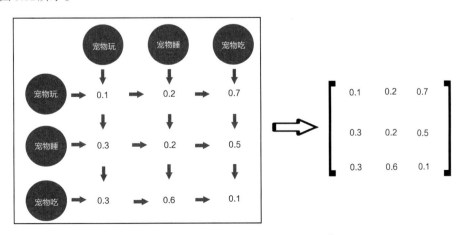

图6.12　宠物状态链马尔可夫过程的矩阵表示

在这个状态转移矩阵中,如果当前时刻值为变量 t,宠物处于宠物吃的状态,那么下一个时刻 $t+1$ 的状态可能是宠物玩,也可能是宠物睡,也可能是宠物食欲大振,还是宠物吃的状态。根据状态转移矩阵每一行的意义,第三行表示 t 时刻处于吃的状态,行中的数据(0.3,0.6,0.1)分别对应宠物玩、宠物睡、宠物吃的概率。这一行的概率累加和为1,而且这个状态转移矩阵中每一行累加和都为1。如图6.13所示第三行的累加和为1。

这里如果再多一个状态,"宠物病了",你会发现状态转移矩阵变成了4维矩阵。那么问题来了,生活中"宠物病了"需要治疗,都是兽医来做出的诊断,我们只是从宠物生活的细节看出来宠物得病了,比如宠物食欲不好、不爱动。由于生活中的细节帮助我们认识到"宠物病了",所以,宠物所表现的宠物吃、宠物睡、宠物玩并不是很直接,也忽视了宠物表现的细节,这就是马尔可夫模型的特点,其隐藏了一些细节。很多时候都是通过宠物撒欢的特征来表明宠物玩,宠物躺下眯着眼表示宠物睡,宠物嗷嗷叫有可能是宠物饿了,需要吃东西。把宠物三状态的马尔可夫模型中隐藏的细节作为状态转换集加入其中,得到了两个状态集,宠物撒欢、宠物眯眼躺,宠物嗷嗷叫三个状态的状态集和宠物玩、宠物睡、宠物吃的三个状态的状态集。前者的宠物撒欢、宠物眯眼躺,宠物嗷嗷叫的状态是一个在生活细节中可以观测的状态,后者宠物玩、宠物睡、宠物吃的状态集是一个隐含的状态。为了将问题的描述简化,将宠物玩这个状态先去掉,这样宠物每天就是吃了睡,睡了吃。带隐含状态的模型如图6.14所示。

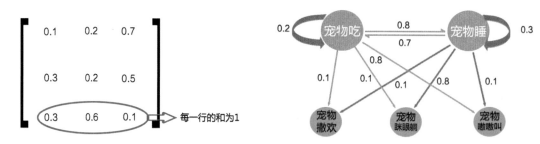

图6.13 宠物状态链马尔可夫过程的矩阵行数据累加特点　　图6.14 宠物状态链带隐藏状态的过程

由图6.14得出状态集 $O = \{O_{撒欢}, O_{眯眼躺}, O_{嗷嗷叫}\}$ 和隐式状态集 $S = \{S_{宠物吃}, S_{宠物睡}\}$。宠物在"吃(饥饿)"状态下表现出宠物撒欢、宠物眯眼躺、宠物嗷嗷叫三种可观察行为的概率分别是(0.1,0.1,0.8)。

由宠物的状态可以观察到显示的状态序列和隐含的状态序列是与概率有关系的,这种类型的过程建模构成隐藏的马尔科夫过程和与这个隐藏马尔科夫过程概率相关的可以观察到的状态集合。这就是隐马尔可夫模型。在模型中,有一个显示的状态序列同时也有一个隐含的状态序列。

一个HMM模型的形式可用一个5元组 $\{N, M, \pi, A, B\}$ 表示,式中的相关参数意义如下:

N 表示隐藏状态的数量;M 表示可观测状态的数量,在机器学习中可观测状态的数量可以通过训练集获得;$\pi = \{\pi_i\}$ 为初始状态概率,也就是刚开始的时候各个隐藏状态的发生概率;$A = \{a_{ij}\}$ 为隐藏状态的转移矩阵,对于 $N*N$ 维矩阵,代表的是第一个状态到第二个状态发生的概率;$B = \{b_{ij}\}$ 为混淆矩阵,对于 $N*M$ 矩阵,代表的是处于某个隐藏状态的条件下,某个观测发生的概率。

前面讨论的宠物吃和睡的状态对应有一个已知的HMM模型,如图6.15所示。

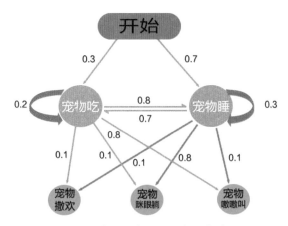

图6.15   宠物状态链隐马尔可夫过程

在该模型中,初始化概率 $\pi=\{Seat=0.3, Szzz=0.7\}$;隐藏状态 $N=2$;可观测状态 $M=3$;转移矩阵 A 的结果如图6.16所示。

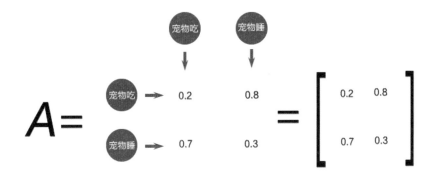

图6.16   宠物状态链隐马尔可夫过程转移矩阵

混淆矩阵 B 的结果如图6.17所示。

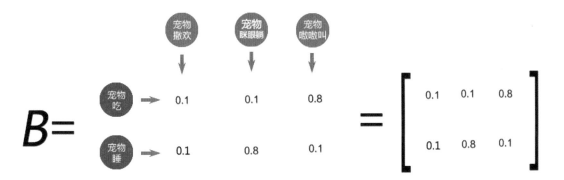

图6.17   宠物状态链隐马尔可夫过程混淆矩阵

6.2.3　N-Gram统计语言模型

语言模型就是用于评估文本序列符合人类语言使用习惯程度的模型,在语言模型中,N-Gram是一种基于统计语言模型的算法,可以理解成第N个词的出现只与前面$N-1$个词相关,而与其他任何词都不相关,整句的概率就是各个词出现概率的乘积。Gram称为字节片段,对所有Gram的出现频度进行统计,并且按照事先设定好的阈值进行过滤,形成关键Gram列表,也就是这个文本的向量特征空间,列表中的每一种Gram就是一个特征向量维度。

通过输入的语音,如"介绍一下刘德华的歌",因为发音相似,N-Gram能够解决如下几句话的候选,如"介绍一下牛德华的歌""介绍一下刘德华的歌""介绍一下刘德华的哥"等。从训练语料库数据中,可以通过极大似然估计的方法,得到N个概率分布:"介绍一下刘德华的歌"的概率是0.4,"介绍一下刘德华的哥"的概率是0.3,"介绍一下牛德华的歌"的概率是……所有这些N个概率分布的总和为1。

N-Gram模型概率公式根据条件概率和乘法公式推导如下。

首先给出条件概率的公式:

$$P(B|A) = \frac{P(AB)}{P(A)}$$

接着给出乘法公式:

$$P(AB) = P(A)P(B|A) \quad (P(A) > 0)$$

得到$P(A_1 A_2, \cdots, A_n)$的公式:

$$P(A_1 A_2, \cdots, A_n) = P(A_2|A_1), \cdots, P(A_n|A_1 A_2, \cdots, A_{n-1}) \text{ 其中}(P(A_1 A_2, \cdots, A_{n-i}) > 0)$$

从式中可以看出,A_2的出现是与A_1相关的,在A_1的条件下出现A_2的概率这个公式属于一个条件概率的链式法则,对于每一个词出现的条件概率,可以通过在语料库中统计计数的方式得出。目前的很多应用都需要计算一个句子的概率,一个句子是否合理,就需要去查看它的可能性大小,这里可能性的大小就用概率来衡量。

6.3　语音波形和识别实战

在语音处理方面,librosa模块是一个用于音频、音乐分析、处理的Python工具包,一些常见的时频处理、特征提取、绘制声音图形等功能应有尽有。

6.3.1　librosa模块实战语音波形

librosa可以使用pip3安装,安装命令如下:

```
pip3 install librosa
```

安装模块后,可以使用load方法进行音频文件的加载,调用waveplot方法可以显示出波形图。代码如下。

```
import librosa
from librosa import display
import matplotlib.pyplot as plt
samples,sampling_rate=librosa.load("Sent.wav",sr=None,mono=True,offset=0.0,duration=
None)
librosa.display.waveplot(y=samples,sr=sampling_rate)
plt.xlabel("Time(seconds)-->")
plt.ylabel("Amplitude")
plt.show()
```

代码中首先需要引入librosa、matplotlib模块用于绘制波形图。程序调用librosa模块中的load方法进行音频的读取,方法中第一个参数"Sent.wav"表示音频文件名称;第二个参数sr表示采样率,设置为"None"表示使用音频自身的采样率;第三个参数为mono,设置为"True"表示单声道,否则表示双声道;第四个参数offset表示音频读取的时间;第五个参数duration表示获取音频的时长。load方法对应的返回值有两个,代码中第一个返回值samples表示音频的信号值,第二个返回值sampling_rate表示采样率。然后,调用display模块中的waveplot方法进行波形图的绘制,绘制的时候传入samples音频的信号值和sampling_rate的采样率。最后调用matplotlib模块的pyplot类中的show()方法显示语音对应的波形图,xlabel()方法是波形图显示的x轴,ylabel()方法是波形图显示的y轴。程序运行结果如图6.18所示。

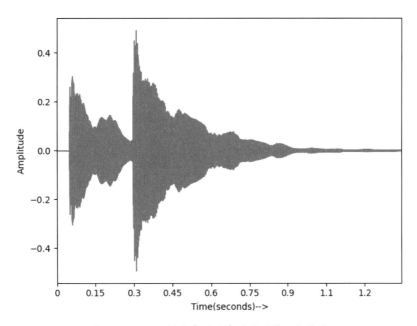

图6.18 librosa模块实现语音的波形图运行结果

6.3.2 librosa模块实战梅尔频率倒谱系数

librosa不但能显示波形图,还可以得到梅尔频率倒谱系数,调用librosa.feature中的mfcc方法可以输出音频文件的梅尔频率倒谱系数,代码如下。

```
import librosa
y, sr = librosa.load('Sent.wav', sr=None)
mfccs = librosa.feature.mfcc(y=y, sr=sr, n_mfcc=24)
print(mfccs)
print(mfccs.shape)
```

代码首先调用load方法读取音频文件"Sent.wav",sr参数表示采样率,输出音频的信号值y和采样率sr。接下来通过librosa.feature模块中的mfcc方法输出梅尔频率倒谱系数,输入参数y表示音频的信号值,sr表示采样率,n_mfcc参数表示返回的mfcc的数量值。程序运行结果如图6.19所示。

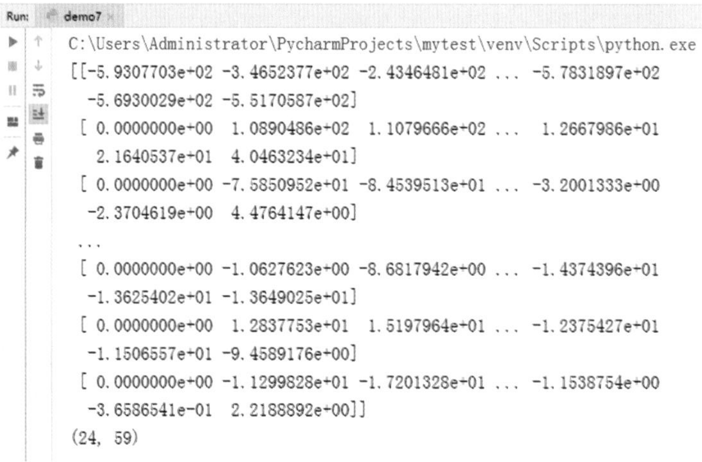

图6.19 librosa模块实现语音的梅尔频率倒谱系数运行结果

从输出结果中可以看出ndarray类型mfcc矩阵的维数,24行就是输入的n_mfcc指定的梅尔频率倒谱系数的数量值,59列是根据当前的音频文件得出的梅尔频率倒谱系数的列值。元组(24,59)上面的输出就是具体的梅尔频率倒谱系数矩阵的值。

6.3.3 SpeechRecognition实战语音识别

在语音识别方面,SpeechRecognition函数库也是一个经常会被用到的函数库,它集合了语音识别库的接口,非常实用。

安装SpeechRecognition函数库可以分两个步骤完成,首先安装SpeechRecognition,安装命令如下:

```
pip3 install speechrecognition
```

安装完SpeechRecognition后需要安装语音识别库pocketsphinx,安装命令如下:

```
Pip3 install pocketsphinx
```

如果安装pocketsphinx的过程中缺少文件,可以从阿里pip镜像中下载Python扩展包对应的wheel来安装。安装命令如下:

```
pip3 install pocketsphinx-0.1.15-cp37-cp37m-win_amd64.whl
```

命令中后面的whl文件名就是下载的pocketsphinx语音库。

当pocketsphinx安装成功后，默认含有英文的语音库，如果需要含有中文的语音库，需要下载中文普通话模型文件。SOURCEFORGE提供了相关的文件可以下载，下载后把文件进行解压。解压后的文件与文件夹命名如图6.20所示。

图6.20　pocketsphinx中文语音库解压后的文件与文件夹命名

注意，图中所示外层文件夹的名称为zh-cn，这是在语音识别中被识别出来的语言名称，zh-cn文件夹中的文件language-model.lm.bin和pronounciation-dictionary.dict也是必须具备的文件，acoustic-model是必须具备的文件夹名称。这些文件的扩展名与中文模型包解压后的扩展名是一致的，只是在文件名上有一些差异而已。

一切工作准备就绪后，就可以进行语音识别代码的编写了，代码如下。

```
import speech_recognition as sr
r = sr.Recognizer()
mic = sr.AudioFile("a.wav")
with mic as source:
    audio = r.record(source)
print(r.recognize_sphinx(audio, language='zh-cn'))
```

语音识别，顾名思义，就是把语音识别成文字。首先导入speech_recognition的语音识别函数库，初始化speech_recognition的Recognizer的识别类，利用speech_recognition的AudioFile方法来读取"a.wav"的语音文件，然后用with方法打开这个文件，调用record录制该文件，最后调用recognize_sphinx方法来离线识别语音，将语音识别的文字进行输出。程序运行的结果如图6.21所示。

图 6.21　SpeechRecognition 的语音识别运行结果

可以看出,识别效果并不理想,但重要的是 SpeechRecognition 可以识别出这样的语音,只需在细节上对模块中的算法进行优化。

6.4　本章小结

本章主要学习了音频特征提取、声学模型、语言模型及 librosa 模块、SpeechRecognition 模块的使用方法。首先从计算机对音频的理解入手,进而到音频特征提取方法梅尔频率倒谱系数和声学模型隐马尔可夫模型,并且还讲解了语言模型 N-Gram 对音频的处理和识别。

在语音识别和语音波形的实战方面,利用 librosa 模块进行音频的波形和梅尔频率倒谱系数的绘制,再利用 SpeechRecognition 模块进行语音识别,把语音文件中的普通话输出为中文结果。在实际生活中,语音识别技术也在不断发展中,使用模块的方法虽然可以方便地识别出语音,但误差也是很大的,因为中文的发音差别很大,这样输出的结果也会千变万化。如果要使输出的结果更接近于说话者表达的意思,还需要不断地优化和处理,更合理地使用模型算法,对语音识别进行准确率的提升。

第7章

聚焦视频识别

监控系统是社会维稳、案件侦破、区域安防工作不可或缺的手段。监控系统接收的是视频信号,实现监控对视频信号理解和视频信息挖掘能力就成为一种必然。

图7.1为某处安防监控的截图,从不同的视角显示房间不同方位的具体视频信息,同时需要捕捉视频中的动作行为。

图 7.1   某处安防监控的截图

7.1 关于对视频的认知

如今,"低头族"已成为一种普遍现象,每个人闲来无事的时候,总是会掏出手机,刷刷抖音,看看快手,玩玩直播。视频已成为当代人生活的重要组成部分。生活的记录不再是一系列的快照,而是动态影像。照片只是静止的图像,而一段视频往往是动作的描述。图7.2所示为三辆车发生追尾事件,但这张图并不会告诉你具体的动作,图中第一辆被撞的车前面没有任何突发情况,为什么发生了追尾事件,事故是刚刚发生还是发生了一段时间,这是三车追尾还是后面还有车,都没有显示出来。也就是说,照片所提供的信息量对于有些问题的处理来说是不够的,因此视频的出现也就成为一种必然。

图 7.2 车辆发生碰撞

视频的理解与识别也是计算机视觉的基础任务,识别视频中的动作是其中一个充满挑战而又具有较高应用价值的任务。相比图像而言,视频内容和背景更加复杂多变,不同动作类别之间也具有一定的相似性,相同的类别在不同环境下又有着不同的特点。

在视频理解领域,其实有很多的任务用来使计算机能够理解视频内容。但多数的工作都聚焦在行为分类或场景分类等某一个独立的任务上,而没有很好地考虑场景和行为直接存在着内在的联系。如何能够在充分理解一个人在做什么、在哪里发生的行为的同时,还能概括出视频中描述的关键信息,是非常重要的问题。这就需要对视频进行多角度的理解,不但要对视频的编码技术有一定的认识,同时还要能够完成行为分类、场景分类、视频综述等多个任务。

7.2 视频编解码技术的认知

谈到视频,就不得不说到图像。图像是由很多"带有颜色的点"组成的,这个点就是"像素点"。如果把视频中的某一帧不断放大到某一个倍数,也会看到这些带有颜色的像素点,如图7.3所示。

像素是图像显示的基本单位,通常用来描述一张图片的大小。例如800×600,就是长度为800个像素点,宽度为600个像素点,乘积是480000,也就是说,这张图片的像素是48万。800×600这个值也称为分辨率。

对于设备来讲,手机或显示器在屏幕上每英寸能够存放多少个"像素点",这个指标就叫PPI,英文全称为Pixels Per Inch,即像素密度单位。

对于像素点的所有颜色,其实都可以通过红色(Red)、绿色(Green)、蓝色(Blue)按照一定比例调制出来。这三种颜色被称为"三原色",如图7.4所示。

图7.3 视频中的某一帧放大后的像素点集合

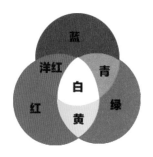

图7.4 三原色

R、G、B这三个值也被称为"基色分量",它们的取值分别从0到255,一共256个等级,也就是2的8次方。对于像素点的任何颜色,都可以用R、G、B三个值的组合表示。

通过这种方式,一共能表达256×256×256=16,777,216种颜色,因此也称为1600万色。R、G、B三色,每色有8bit,这种方式表达出来的颜色也被称为24位色,因占用24bit而得来。这个颜色范围已经超过了人眼可见的全部色彩,所以又叫真彩色。

所谓视频,就是大量的图片连续起来播放。如图7.5所示的舞蹈书图片组合,把所有的动作连贯起来就是一段舞蹈,也就是一段视频。

图7.5 舞蹈动作图片组合的书页连贯起来构成视频

衡量视频最主要的一个指标就是帧频,或者叫帧率。在视频中,一个帧就是指一幅静止的画面。帧频是指每秒钟放映或显示的帧或图像的数量。

帧频越高,视频就越逼真、越流畅。

视频之所以会有视频编码,关键就在于,一个视频如果未经编码,它的体积是非常庞大的。以一个分辨率为800×600,帧率为30的视频为例,这样的视频每帧包含的像素是800×600=480000,每个像素点是24bit,也就是每张图片需要480000×24=11520000bit,在计算机中,一个字节等于8个比特位,即bit,所以11520000bit=1440000Byte≈1.37MB。求得的结果是一张800×600图片的原始大小,再乘以帧率30,这样每秒视频的大小是41.1MB,每分钟大约是2.4GB,一部90分钟的电影约是216GB。就算电脑硬盘是TB级别的,也放不下几部电影,更别说一部几十集的连续剧了。如果从网上去下载这部216GB的电影,按照12.5MB/s的网速,需要将近5个小时才能下载完这部电影。这仅仅是800×600的图片,对于高清的电影或电视剧,使用分辨率是1920×1280的图片,其积也是成倍地增长。

所谓编码,就是按指定的方法,将信息从一种形式转换成另一种形式。对于视频编码,就是将一种视频格式转换成另一种视频格式。编码的终极目的,通俗点说,就是压缩。各种五花八门的视频编码方式,都是为了让视频变得体积更小,有利于存储和传输。而视频之所以能够被压缩,是因为其中存在大量的冗余信息。

图7.6所示的蓝天白云在很多的视频场景中都会出现,就连Windows的桌面也有一款是蓝天白云的图像。蓝天白云图像中的天是蓝蓝的,云是白白的,编码这张图像或视频就有很多的蓝天冗余信息和白云冗余信息,这些冗余信息都发生在同一帧图像中,相邻的元素具有很强的相关性,这种冗余信息称为空间冗余。

图7.6 蓝天白云的图像

对于发生空间冗余的帧图像信息,如果需要压缩这样的图像,可以选择一块如图7.7所示的红色区域进行编码,然后估计其周围的颜色。

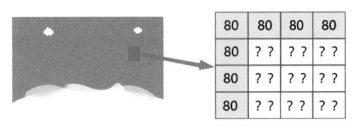

图7.7　蓝天白云图像中某块红色区域周边颜色的估计

图7.7中根据红色区域的像素预测周边颜色的像素值,预测为垂直方向上保持一致,也就是未知的颜色与邻近颜色值相近。但这样的预测可能会出现错误,所以需要用帧间预测减去实际值,计算得出残差,得出的矩阵比原始图像更容易压缩,数值为0的可以忽略不计,如图7.8所示。

80	80	80	80
80	80	80	80
80	80	80	80
80	80	80	80

－

80	80	80	80
80	80	80	80
80	80	80	80
80	80	80	80

＝

0	0	0	0
0	0	0	0
0	0	0	0
0	0	0	0

图7.8　蓝天白云图像中某块红色区域周边颜色残差的表示

由图7.8可知,残差方法可以使用到压缩技术当中。在视频的帧图像中,除了有空间冗余外,最有可能出现的就是时间冗余,图像序列中相邻帧的对应元素间有很强的相关性。图7.9所示的两幅图像就是两个帧之间车子的横向移动。

视频中一帧画面　　　　　　　　　　　相邻帧画面

图7.9　两个帧之间车子的横向移动

图7.9中所示的时间冗余是视频中经常遇到的,视频中的物体做相对的运动就会产生动态效果。这里仍然可以使用残差把相邻的两个帧做减法。如果把小车在左面的帧命名为0帧,小车在右面的帧命名为1帧,简单地说就是用0号帧减去1号帧,就能够看出车子是由左向右进行运动的,相减的

结果如图7.10所示。

在冗余信息中,除了常见的时间冗余和空间冗余,还有以下几种:结构冗余,也就是视频图像的纹理、像素的明暗度存在明显的分布模式;视频冗余研究人眼的视觉特性是非均匀和非线性的;知识冗余是视频图像中所包含的某些信息,这些信息与人们的先验知识有关。

这些冗余都会有相应的视频算法去进行压缩编码,然后把数据封装及传输,再通过解码技术进行播放。视频从录制开始到播放的整个过程如图7.11所示。

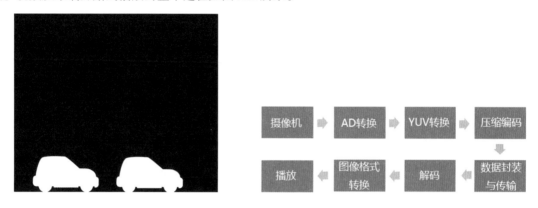

图 7.10　两幅车子横向移动帧图像相减的残差结果　　　　图 7.11　视频从录制到播放的过程

从图7.11所示的过程中可以看出,使用摄像机进行视频采集,采集了视频数据之后,就要进行模数转换,将模拟信号变成数字信号。信号输出之后,还要进行预处理,将RGB信号变成YUV信号,YUV就是另外一种颜色数字化表示方式。视频通信系统之所以要采用YUV而不是RGB,主要是因为RGB信号不利于压缩。YUV里面的"Y"就是亮度,"U"和"V"则是色度。信号经过压缩编码、数据封装及解码,最终达到视频播放的要求。

视频播放后,就需要对其进行理解,首先从行为识别入手。

7.3　视频理解中的行为识别

行为识别是计算机视觉领域中非常有挑战性的课题,因为其不仅仅要分析目标体的空间信息,还要分析时间维度上的信息。基于视频的行为分类主要处理两个问题,其一是行为定位,其二是行为识别。行为定位即找到有行为的视频片段,行为识别即对该视频片段的行为进行分类识别。上升到理论的高度,基于视频的行为识别就是利用给定的视频序列,自动识别人体行为类别的过程。这个过程可以用图7.12所示的行为识别流程来表示。

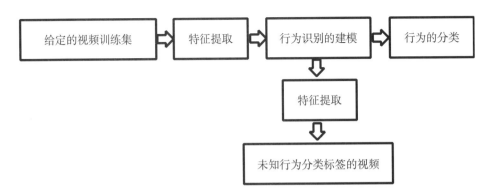

图7.12 视频中行为识别的基本流程

从图7.12所示的流程来看,给定的视频训练集可以理解成有行为分类标签的训练集,这样可以将特定的视频特征进行分类,图7.13所示为给定视频标签的视频训练集效果。

图7.13 带标签的视频训练集

图7.13中只是列举了部分标签特征的视频训练集,其实代表行为的标签还有很多,如击拳、鼓掌、挥手、上楼、下山等。对于视频而言,它们都是一个个帧的图片序列,所以特征提取就显得尤为重要。传统的方法通过提取关键点特征来对视频进行描述,以时空关键点法为代表;当前基于CNN的方法不需要手动提取特征,性能已经完全超越传统方法,以双流法为代表。

7.3.1 时空关键点法

基于时空关键点的核心思想是:视频图像中的关键点通常是在时空维度上发生强烈变化的数据,这些数据反映了目标运动的重要信息。

如图7.14所示,一个人在街景中原地慢跑,胳膊和腿部一定会在前后帧中发生最大移动,其周围的图像数据变化最大,而这个人身体的其他部位变化却很小,图像数据几乎保持不变。另外,由于是原地慢跑,街景的变化也很小。

图7.14　一个人在街景中原地慢跑的帧图像

对于图7.14中所示视频的图像帧序列,通过观察,人的胳膊和腿部关节在变化,把人的胳膊和腿部关节变化点视为关键点,在关键点探测的部分,假使取空间尺度为8,也就是有8个空间的关键点,帧频为1,也就是时间尺度为1。观测到这样的时间尺度下空间尺度中关键点的变化如图7.15所示。

图7.15　一个人在街景中原地慢跑的关键点的标注

通过图7.15中所示连续几帧的关键点的标注可以看出,在人慢跑的动作行为中,有些局部部位表现得特别明显,而这些对动作信息有着决定性的点就是时空关键点,即图7.15中的红色标注点。这些时空关键点的寻找符合Harris角点检测原理,算法的核心是利用局部窗口在图像上进行移动来判断灰度发生的较大变化:如果窗口内图像的灰度发生了较大的变化,那么就认为在窗口内遇到了角点;如果窗口内图像的灰度没有发生变化,就认为在窗口内不存在角点。图7.16所示为窗口遇到角点的情况。

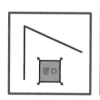

图7.16　窗口遇到角点的情况

如图7.16所示,窗口在移动过程中,由于黑色线条由均匀的一条线变成两条线,相应的灰度也会发生变化,就会认为窗口遇到了角点。

根据数学算法思想,把窗口滑动前后的像素灰度变化用下式表示。

$$E(u,\ v) = \sum_{x,y} w(x,\ y)\,[\,I(x+u,\ y+v) - I(x,\ y)\,]^2$$

式中,(u,v)是窗口的偏移量,(x,y)是窗口内所对应的像素坐标位置,窗口有多大就有多少个位置,$w(x,\ y)$是窗口的函数,其中$I(x+u,\ y+v)$就是平移后的图像灰度,$I(x,\ y)$就是平移前的图像灰度。

上升到Harris3D里,确定的角点就是方块内点云的数量变化。图7.17所示为一个人在街景中原地慢跑的关键点在三维空间视频数据中的表征。

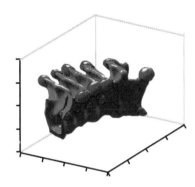

图7.17　一个人在街景中原地慢跑的关键点在三维空间视频数据中的表征

从图7.17中可以观察到,在三维空间中,动作在空间和时间范围内可以表现出某种特定的规律,而这些规律的信息又集中在局部极大值点。图中红色部分为人体动作三维空间中的值,蓝色部分是这些值的局部极大值,也就是时空关键点。通过计算时空关键点的局部特征,可以很好地表征动作的信息,用来对动作或行为进行识别。

时空关键点的求解过程可以采用如下思想:把视频看作三维函数,其目的是通过这个映射函数把三维数据映射到一维空间中,然后求此一维空间的局部极大值点,这些点就是所求的关键点。可以将思想表述成如图7.18所示的流程图结构。

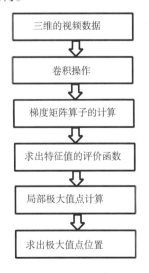

图7.18　时空关键点算法流程图

7.3.2 双流法

双流法包含两个通道：一个是RGB图像通道，用于建模空间信息；另一个是光流通道，用于建模时序信息。也就是时间通道和空间通道两者联合训练，并进行信息融合。

就时间通道而言，把每个时刻的关键点坐标拼接成一个向量，采用深度学习的神经网络来学习坐标随着时间的变化而变化。就空间通道而言，其目的在于学习不同坐标点之间的连接关系，把关键点的图结构转化为一个序列。可以看出，无论是时间通道还是空间通道，都谈到了所谓的关键点。对于有行为的人体而言，就可以把行为关键点定位在人体的关节上，如图7.19所示。

图 7.19　人体行为的关键点

图7.19中展示的内容不是穴位图，而是关节中的关键点，当然还可以把关键点再细化，比如舞蹈演员或杂技演员，可能关键点就不只是图7.19所示的这些主要关节点。随着关键点的细化，也有可能看上去就像一张穴位图。

输入的视频可能比较长，一般都要做一些片段化处理，针对每一个片段进行时间通道和空间通道两个方位上的关键点坐标学习，得到的是这个片段的行为识别分类，最后再将所有片段融合成最终的分类，如图7.20所示。

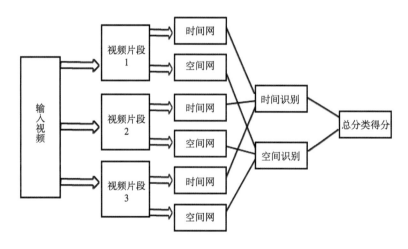

图 7.20　双流法对视频片段的处理逻辑

图7.20中所示的时间网和空间网其实就是对视频片段的深度学习神经网络,既然是视频片段,就具备序列的特性。RNN循环神经网络对具有序列特性的数据非常有效,能够挖掘数据中的时序信息及语义信息。

RNN循环神经网络的基本结构是,当前时刻的输出由记忆和当前时刻的输入决定。例如,在生活中我现在大四了,我的知识量包括大四新学到的知识,这部分看作当前输入,把大三和大三以前学到的知识看作记忆,两者的结合就相当于RNN循环神经网络,如图7.21所示。

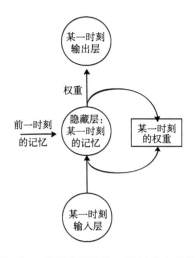

图7.21 循环神经网络RNN的基本结构

由图7.21可知,RNN之所以可以解决序列问题,是因为它可以记住每一时刻的信息。在RNN中每一时刻的隐藏层,不仅由该时刻的输入层决定,还由上一时刻的隐藏层决定。如果定义变量O_t代表t时刻的输出,变量S_t代表t时刻的隐藏层的值,变量x_t代表t时刻的输入,变量W代表隐藏层S_t的权重,变量U代表某一时刻输入层的权重,变量V代表某一时刻输出层的权重,那么公式如下。

$$O_t = g(V \cdot S_t)$$
$$S_t = f(U \cdot x_t + W \cdot S_{t-1})$$

由公式也可以看出,S_t的值不仅仅取决于输入x_t,还取决了S_{t-1},同时,在整个训练过程中,每一个时刻的隐藏层权重都是W。

利用RNN循环神经网络的双流法行为识别,可以同时得到视频中人或物体外表和运动的信息,该方法在各个基准数据集上都取得了领先的识别水平。

7.4 视频理解中的场景识别

如果说视频理解中的行为识别是描述"在做什么",那么场景识别就是在描述"有什么"和"是什么",而"有什么""是什么"和"在做什么"就构成了视频语义。在一些大数据量的实时应用中,如机器人的作业、卫星和雷达的信息处理等,都是对场景识别的重要预处理步骤。

场景识别主要是通过底层视频信息,如颜色特征、纹理特征、形状特征,并结合有监督的机器学习方法,如贝叶斯、支持向量机、K近邻等进行。目前场景分类技术也面临着一定的挑战。

(1)光照强度及场景的旋转,这些都与观察角度的变化有关系。同一个环境在不同光照下的变化甚至比在不同环境相同光照下的变化更大。场景、视角变化也明显影响图像的可见信息。

(2)观察者的主观臆断,已知的场景分类标签中很多都是依靠人工标注得来的,人的判断也有一定的模糊性。例如,一张图描绘了溪流随性地穿越了一片大森林,这种分类到底是归属于"溪流"还是"森林",又或是近景是草地,远景是高山,如何去界定其分类呢?

如此说来,为了适应多种变化的背景类型,比较著名的算法有以下几种:高斯混合模型聚类算法、基于均值偏移算法、特征背景法等。

高斯混合模型聚类算法的目的就是对视频帧中像素的前景和背景进行二分类,把图像中的每一个像素与背景图像的高斯分布进行比较,尝试寻找能够匹配到的背景模型。如果能够找到这个匹配的模型,就认为这个像素在这个背景上,否则认为该像素属于前景的移动物体。

高斯混合模型聚类算法的思想建立在摄像机的固定场景下,一段足够长的时间区间内,背景目标出现的概率要远高于前景目标。对视频帧上的任意坐标的像素值进行时间方向的统计,为每个坐标分配若干个高斯概率密度函数来作为该位置的像素值概率分布模型。这里的高斯概率密度函数公式如下。

$$f(x) = \frac{1}{\sqrt{2\pi}\,\sigma} \exp\left(-\frac{(x-\mu)^2}{2\sigma^2}\right)$$

从公式上看,高斯模型中涉及方差、均值等内容,高斯混合模型再混入权重等参数,通过这些参数可以求出建模所需的数据。最开始的时候,可以将方差设置得大一些,权重尽量小一些,这样设置的高斯模型并不准确,可以逐渐缩小范围,更新参数值,从而得到最可能的高斯模型。利用每一点的像素值不断地对该点的多个背景分布函数进行动态更新,最终得到随光照变化的背景模型。

特征背景法使用主成分分析法对输入图像进行特征值分解降维,只要比较特征背景与当前图像特征空间的差异,也就得到了前景运动的物体。

主成分分析法英文表示为PCA,是利用正交变换把一系列可能线性相关的变量转换为一组线性不相关的新变量,也称为主成分。它的主要思想是将n维特征映射到k维上,是在原有n维特征的基础上重新构造出来k维特征。

从空间维度上理解,PCA就是把原始数据投射到一个新的坐标系中,第一个主成分为第一坐标轴,其代表了原始数据中多个变量经过某种变换得到的新变量的变化区间;第二个主成分为第二坐标轴,代表了原始数据中多个变量经过某种变换得到的第二个新变量的变化区间。这样投影后把利用原始数据来解释样品的差异转变为利用新变量来解释样品的差异。

图7.22是解释问题的理想数据集,这里的数据基本上可以简化为一条线,沿着x方向的方差比沿着y方向的高,这意味着我们可以安全地将y剔除而没有太大的风险。这些数据集投影到x轴上,就实现了降维。图7.23为对数据的投影显示。

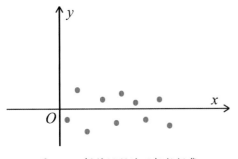

图 7.22　解释问题的理想数据集

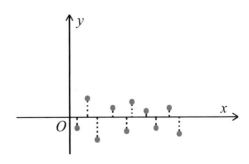

图 7.23　理想数据集的投影显示

这样的数据从特点上来看,x 根本不依赖 y,它只会继续增加而不管 y 的值如何。有理想数据集,就一定有不理想的数据集,如图 7.24 所示。

这样的数据从特点上来看,随着 x 的增加,y 的值也在增加。但是,如果把 x 轴和 y 轴进行旋转来对齐数据集,就会发生新的变化。如图 7.25 所示,将 x 轴和 y 轴旋转后,与数据集完美契合。

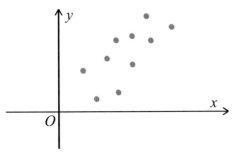

图 7.24　不理想的数据集

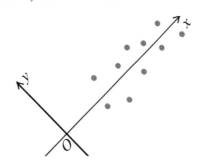

图 7.25　x 轴和 y 轴旋转后的理想数据集

从图 7.25 中可以看出,PCA 尝试查找另一组轴,以使沿该轴的方差尽可能大。沿 x 轴的方差所指的就是特征 x 的方差。在旋转轴之后,第一个主成分是方差最大的,也是最重要的一个,携带更多的信息。第二个主成分与第一个主成分垂直,方差是第二大的。

对于给定的一组 n 维特征数据集,通过 PCA 降维到 k 维,步骤大致如下。

首先需要去中心化,使每一个特征减去各自的均值。用式子表示如下。

$$X = \begin{bmatrix} x_{11} - \mu_1 & x_{12} - \mu_2 & \dots & x_{1n} - \mu_n \\ x_{21} - \mu_1 & x_{22} - \mu_2 & \dots & x_{2n} - \mu_n \\ \dots & \dots & \dots & \dots \\ x_{m1} - \mu_1 & x_{m2} - \mu_2 & \dots & x_{mn} - \mu_n \end{bmatrix}_{m \times n}$$

式中的 μ_i 是矩阵样本维度 i 的均值。

下面需要引入协方差矩阵。之所以引入协方差矩阵,在于描述一维数据可以用均值表示样本集合的中间点,用标准差表示样本集合的各个样本点到均值的距离的平均值,但其实生活中常常遇到含有多维数据的数据集。例如统计多个学科的考试成绩,可以用每一维即每一科的思想去考虑问题,但谈到数学成绩的降低和语文成绩的提升是不是存在一定的联系,英语成绩好的学生是否能够带动其他学科的成绩提升等一系列问题,就涉及多维关系的处理,协方差就是这样一种用来度量两个随机变量关系的统计量。协方差如果为正值,两个研究的问题就是正相关,一个量级增长,另一个量级也增长;协方差如果是负值,两个研究的问题就是负相关,一个量级增长,另一个量级则减少;如果为零值,就是相互独立。协方差在概率论中的公式定义如下。

$$\mathrm{Cov}(X, Y) = E(XY) - E(X)E(Y)$$

式中 $E(X)$ 为随机变量 X 的数学期望,$E(Y)$ 为随机变量 Y 的数学期望,同理,$E(XY)$ 是 XY 的数学期望。当这样的协方差多了的时候,就构成了协方差矩阵。协方差矩阵的公式表示如下。

$$C = \begin{bmatrix} \mathrm{Cov}(x_1, x_1) & \mathrm{Cov}(x_1, x_2) & ... & \mathrm{Cov}(x_1, x_R) \\ \mathrm{Cov}(x_2, x_1) & \mathrm{Cov}(x_2, x_2) & ... & \mathrm{Cov}(x_2, x_R) \\ ... & ... & ... & ... \\ \mathrm{Cov}(x_R, x_1) & \mathrm{Cov}(x_R, x_2) & ... & \mathrm{Cov}(x_R, x_R) \end{bmatrix}$$

其简易公式表示为: $\dfrac{1}{n} XX^{\mathrm{T}}$

接下来需要用特征值的求解方法求出协方差矩阵的特征值和特征向量。特征值的求解可以根据维度为 $n \times n$ 的矩阵 A,其有 n 维向量 x 和实数 λ,必然满足如下公式。

$$Ax = \lambda x, x \neq 0$$

上式中,λ 为矩阵 A 的特征值,x 为对应的特征向量。将式子做一个变换。

$$(\lambda I - A)x = 0, x \neq 0$$

上式中当且仅当矩阵 $\lambda I - A$ 为奇异矩阵时才存在非零解 x,令其行列式为 0,可以得到 λ 的多项式,求得特征值,再根据特征值即可求出相应的特征向量。

最后对特征值从大到小排序,选择其中最大的 k 个,再将其对应的 k 个特征向量分别作为行向量组成特征向量矩阵 P,将数据转换到 k 个特征向量构建的新空间中,即 $Y = PX$。

7.5 ImageAI模块使用实战

视频中的物体识别也可以使用前面的 ImageAI 这个 Python 库,它能使开发人员用简单几行代码就能构建具有深度学习和视频中物体识别的技术应用。

ImageAI 模块中提供了 detectObjectsFromVideo 方法用于在视频中进行物体检测。调用此方法后,使用预先训练好的模型文件。在模型选择上首选 YOLO,因为速度快,yolo.h5 就是 YOLO 算法的权重文件,加载模型文件后,就可以根据模型文件的内置算法在视频中进行物体检测。具体代码如下。

```
from imageai.Detection import VideoObjectDetection
import os
execution_path = os.getcwd()
detector = VideoObjectDetection()
detector.setModelTypeAsYOLOv3()
detector.setModelPath( os.path.join(execution_path , "yolo.h5"))
detector.loadModel()
detector.detectObjectsFromVideo(input_file_path=os.path.join(execution_path,
```

```
"traffic.mp4"),output_file_path=os.path.join(execution_path, "traffic_detected"),
frames_per_second=20, log_progress=True)
```

这段代码完成了对输入视频的物体检测。程序首先调用os模块的getcwd()方法获取当前的项目路径,接下来实例化ImageAI模块中的VideoObjectDetection()视频的物体检测类,实例化后设置模型的类型为YOLOv3的网络结构,使用setModelTypeAsYOLOv3()方法,无须传入任何参数。然后再设置yolo.h5的模型文件路径,这里就使用了os.path.join语句将程序开始通过os.getcwd()获取的项目目录与文件名结合在了一起,用setModelPath()方法设置模型文件的路径,再用loadModel()方法加载设置的模型,最后通过detectObjectsFromVideo()方法将输入的图像应用模型文件进行物体检测并输出结果,其中的参数input_file_path传入输入的视频文件,output_file_path设置输出的文件名称,frames_per_second设置每秒钟的处理帧数,log_progress=True显示处理中的进程日志信息。

程序运行前的输入图像如图7.26所示。

图7.26　ImageAI模块实现物体检测的输入图像

程序控制台的输出结果如图7.27所示。

```
Runc  video_object_detection
      2021-07-01 10:01:28.745892: W tensorflow/stream_executor/platform/default/dso_load
      2021-07-01 10:01:28.746052: E tensorflow/stream_executor/cuda/cuda_driver.cc:313]
      2021-07-01 10:01:28.751086: I tensorflow/stream_executor/cuda/cuda_diagnostics.cc:
      2021-07-01 10:01:28.751315: I tensorflow/stream_executor/cuda/cuda_diagnostics.cc:
      2021-07-01 10:01:28.751649: I tensorflow/core/platform/cpu_feature_guard.cc:143] Y
      2021-07-01 10:01:28.764578: I tensorflow/compiler/xla/service/service.cc:168] XLA
      2021-07-01 10:01:28.764855: I tensorflow/compiler/xla/service/service.cc:176]    St
      Processing Frame :    1
      Processing Frame :    2
      Processing Frame :    3
      Processing Frame :    4
      Processing Frame :    5
      Processing Frame :    6
```

图7.27　ImageAI模块实现物体检测的控制台输出结果

从图7.27中控制台的输出结果上看,处理每一帧时都会给出当前帧处理的提示信息。

识别后会生成新的图像名称"traffic_detecteda.avi",其内容如图7.28所示。

图7.28　ImageAI模块实现物体检测的输出图像

　　从输出的图像结果也能看出,图片中很多行驶的车辆和人都被识别出来了,物体框上面标识的"car"表示车辆分类,"person"表示人的分类,百分比显示其准确率。

　　由此可见,ImageAI的视频识别功能还是很强大的。

7.6　本章小结

　　本章主要学习了对视频编码技术、视频中物体识别技术及ImageAI模块的使用。首先从计算机对视频编码的理解入手,进而到视频中的行为识别和场景识别,再将RNN循环神经网络和PCA降维技术应用到视频识别中。

　　在视频中物体识别的实战方面,利用了ImageAI物体识别模块,对输入的视频使用对应的模型文件,就可以得到分类和坐标点的输出影像结果。视频中的物体识别技术也在不断发展中,使用模块的方法可以方便地找出视频中的物体,但也不一定是万能的,因此可以自行开发机器学习的训练集和测试集,更合理地使用模型,对视频中的物体识别进行分类方面的拓展,并提升识别的准确率。

## 第8章

生成对抗神经网络处理图像

图 8.1　FBI 语音测谎仪

语言本身就是一门艺术，不管在国外还是在国内。一句话可以这样说，也可以那样说，真诚的话是一种真言，虚假的话是一种谎言，谎言让人感觉不到真诚。

如图 8.1 所示，市面上的 FBI 语音测谎仪能够利用 FBI 分析库分析你说的话是真言还是谎言。真言与谎言的检验判别就是一种对抗，使用神经网络处理真言和谎言的判别就是一种生成对抗神经网络。

8.1 从囚徒困境谈起

在机器学习研究的道路上,还有博弈论的思想,就像在围棋对战中,可使用机器学习模型根据白棋或黑棋的布局推算最优的走法,使得不管这一步走法如何,白棋的得分都会导致黑棋得分期望的减少。

囚徒困境是博弈论中的一个经典案例,说的是一位富翁在家中被杀,财物也被盗了。警方抓住了两个犯罪嫌疑人,摆在他们面前的是,偷盗罪还没有确凿的证据,即使他们两个不承认杀人的罪行,也要被判3年刑期。

现在,两个囚徒就被关在两个牢房内,这两个牢房是不能互通信息的。对于两个囚徒来说,他们面临的就只有审讯,审讯的目的是查出富翁到底是谁杀的。既然是审讯,两个囚徒都可以做出自己的选择,一个选择是供出他的同伙杀了富翁,也就是跟警察合作,背叛他的同伙。另外一个选择是保持沉默,正如警匪片中,常听警察说的"你有权保持沉默,但你所说的每一句话都将成为呈堂证供",其实所指的就是不坦白,与警察斗争到底,跟另一个囚徒合作。如果这两个囚徒保持沉默的话,就相当于没有证据表明富翁是谁杀的,警方无法给他们定罪。警方也需要施展一些手段,所以就给了这两个囚徒一点儿刺激性的条件:如果拒不认罪,而被同伙检举,那么就将判20年刑期,同伙只判1年刑期;但是,如果两个囚徒都认罪,那么两个人都要被判10年刑期。

鉴于这样的情况,此时,两个囚徒的心理情况一定是这样的:两人都保持沉默,最后可能因为没有证据,两人都能得到最好的结果,那就只是被判3年刑期。但是,他们也不得不盘算对方的立场。因为正常人都能想到,对方根本无法相信自己不会向警方提供证据,毕竟还有1年刑期的优惠政策。"牺牲一个,幸福一个"的诱惑力实在太大了。

综上所述,表8.1所示为两个囚徒的行为结果分析。

表8.1 囚徒困境的甲乙双方行为结果分析

甲行为	乙行为	
	乙沉默	乙招供
甲沉默	甲服刑3年;乙服刑3年	甲服刑20年;乙服刑1年
甲招供	甲服刑1年;乙服刑20年	两人各服刑10年

最后的结果就是,两个囚徒都会选择招供(背叛),原本对双方都很有利的策略(沉默)和结局(被判3年刑期)就不会出现,这样的结局被称为"纳什均衡",也叫非合作均衡。

通过这种博弈论,会发现参与博弈的双方,在严格的规则条件下,一方的获益必然带来另一方的损失,博弈双方的收益和损失相加的总和其实永远为"零"。双方不存在合作的关系,只能一方吃掉另一方,一方的所得正是另一方的所失。这是博弈论中的零和博弈。

生成对抗神经网络的主要灵感也正来源于博弈论中零和博弈的思想。

零和博弈是指两个人进行博弈,每次博弈后都会有一个人赢,另一个人输。如果记赢家得1分,输家得-1分,用公式来推导的话,首先要有前提,即A、B两人进行了很多次的博弈,A获胜次数为N次,失败次数为M次,零和博弈有赢必有输,有输必有赢,故B失败的次数必然为N次,获胜的次数必然为M次。这样,经过$M+N$次博弈后,A的总分为$(N-M)$,B的总分为$(M-N)$。有了前提,零和博弈中A和B的总分公式为$(N-M)+(M-N)=0$。

一般来说,朋友之间玩扑克是一种典型的零和博弈。无论哪一个阵营赢,都会有其他的阵营输,这就决定了零和博弈的输赢总和是零。

生成对抗神经网络就是两个模型之间的对弈。

8.2 生成对抗神经网络

生成对抗神经网络(Generative Adversarial Nets,GAN),是通过两个模型相互对抗的过程来完成模型训练的。典型的GAN包含两个部分:一个是生成模型(Generative Model,G);另一个是判别模型(Discriminative Model,D)。以真言对抗谎言为例,简称为G的生成模型接收一个随机的噪声,通过这个噪声生成谎言模型,简称为D的判别网络,判别这句谎言与真言的匹配程度。判别网络D的输出代表生成谎言接近真言的概率:如果输出为1,就代表100%接近真言;输出为0,就代表这句话太假。在训练过程中,生成网络G的目标就是尽量生成贴近真言的话语去欺骗判别网络D,而D的目标就是尽量把G生成的话语和真言区分开来。这样,G和D构成了一个"博弈过程",最终的平衡点即纳什均衡点。生成模型和判别模型是相互对抗、相互促进的,最终目的是生成模型能够生成以假乱真的数据。

GAN往往可以把一幅素描画复现成一幅真实画,如图8.2所示。

生成对抗神经网络后

图8.2 GAN将素描画转成真实画

由此可见,图像处理是GAN应用最多的领域,包括图像合成、图像转换、图像超分辨率复原与重建、对象检测、对象变换等。当然,除了图像处理方面的应用外,还有序列数据生成、半监督学习、域自适应(Domain Adaptation)等。序列数据生成包括音乐生成、语音生成等。

8.3 生成对抗神经网络的应用场景

GAN的应用场景十分广泛,也对应了不同意义的对抗神经网络,见表8.2。

表8.2 GAN的应用场景

应用领域	应用场景	代表GAN
图像处理	图像生成	GAN、DCGAN
	多域图像生成	Coupled GAN
	图像转换	Pix2pix、PAN
	多域图像转换	StarGAN
	对象变换	VGAN、MoCoGAN
	文本转图像	Stack GAN、TAC-GAN
	对象检测	SeGAN
	变换面部特征	SD-GAN、SL-GAN
序列数据生成	语音合成	VAW-GAN
	语言合成	RankGAN
	音乐合成	C-RNN-GAN、ORGAN
半监督学习	采用判别模型	SSL-GAN、CatGAN
	采用辅助分类器	Triple-GAN
域自适应	域自适应	DANN、CyCADA
其他	医学图像分割	SCAN、SegAN

在GAN的各种应用场景中,图像处理无疑是应用最广泛的,下面重点阐述生成对抗神经网络中图像处理方面的应用场景。

8.3.1 图像生成

图像生成是GAN最早的应用场景。生成模型和判别模型都是采用全连接神经网络,这样生成模型和判别模型非常容易实现反向传播;问题在于只能生成某一个图像,不能生成特定的图像。例如,对于手写数字来说,只能随机地生成某个数字,不能由人工指定具体生成哪个数字。

把这种最早的GAN做一些改进,指定GAN生成想要的特定图像,就变成了CGAN,英文为Conditional GAN,意思是有条件约束的GAN,表示可以指定约束条件。现在,很多类型的GAN都是在

CGAN的基础上的变形,通过指定约束条件,生成各个领域需要的高维度数据,如图像或音乐。

8.3.2 多域图像生成

多域图像生成是指一个GAN能够一次生成多个域的图像。原理上也是通过多个GAN对来实现的,一个随机噪声输入给多个GAN对,再分别生成各自域的图像。每个GAN同样包含一个生成模型和判别模型,负责生成一个域的图像数。互相配对的多个GAN对之间共享权重。共享权重的网络层分别分布在生成模型的低层和判别模型的高层,代表的是图像的高级语义特征。从这种意义上来讲,Coupled GAN通过共享可以代表高级图像语义的表征层来生成各个域的图像。

8.3.3 图像转换

图像转换可以将一个域中的图像转换成另一个域中的图像。如图8.3所示,利用GAN将真实场景的照片转换成卡通场景。

图8.3 将真实场景转换为卡通场景

图8.3中的真实场景属于一个域,转换后的卡通场景属于另一个域。将一个真实房子转换成动漫的卡通房子,转换后的卡通房子也是两层的,不是转换后就变成高楼大厦。转换后的图像除了具备新域的特征外,还要保留转换之前的图像特征,这是图像转换的关键。

8.3.4　多域图像转换

多域图像转换,不仅能把真实场景的图片转换成动漫场景的图片,还能把动漫场景的图片转换成素描场景的图片,转换的图片样式多种多样,这就需要很多个转换模型。如果存在 n 个域,每个域之间都要进行两两图像转换,那么需要 $n(n-1)$ 个 GAN 模型。不过,当 n 足够大时,训练很多个独立的转换模型就显得很不方便。所以,人们就提出了一种采用一个 GAN 网络来实现多个域的图像转换方法,这种对抗网络采用多个域共享一个生成模型的方式来实现,不但实现了多个域之间的图像转换,而且保留了原始的图像特征。

8.3.5　对象检测

对象检测的目的是对象识别,检测到了对象的存在,才能完成对象的识别。检测出图像中存在的目标对象,同时标定目标对象在图像中的位置,这就是对象检测。

对象检测对于高分辨率的图像来说,自然不在话下,但是,对于分辨率比较低的图像就有一定困难。其解决方法有两种:第一种是训练多个模型去适应各种不同的分辨率,如 YOLO 和 SSD 的对抗网络;第二种是对分辨率下手,将低分辨率的图像转换成高分辨率的图像,然后进行对象检测,感知GAN 的对抗网络就是针对这种小尺寸对象的检测。

对象检测除了定位目标,还可以实现图像分割和生成,这样的对抗网络代表是 SeGAN。SeGAN网络把基本的对抗网络模型做了一番修改,其由三个部分组成,分别是分割模型、生成模型、判别模型。分割模型处理的输入是图像和一个被遮挡对象的可视区域掩码,通过输出得到整个被遮挡对象的掩码。生成模型和判别模型用于生成最终图像中的不可见区域,从而完成对象检测和定位。

8.3.6　对象变换

对象变换可以实现把对象植入另一个图像的背景中,在保持图像背景不变的前提下,按照特殊约定条件去替换图像中的对象,并且使替换的图像尽可能真实。对象变换对抗网络采用编码器-解码器的模型架构,编码器负责将图像分解为背景特征和对象特征,解码器根据背景特征和对象特征重建背景和图像。在实际的操作中也需要两个独立的训练样本集,其中一个是包含被检测对象的图像集,另一个是不包含被检测对象的图像集。

8.3.7　文本转图像

文本转图像就是输入一段描述的文本,GAN 会根据文本智能生成对应的图像。如图 8.4 所示,输入文本"天苍苍,野茫茫,风吹草低见牛羊",最终会转换成图像。

图8.4 "天苍苍,野茫茫,风吹草低见牛羊"文本转图像

图8.4中GAN实现了绘制一幅水草丰茂,风吹开草露出牛羊的草原景象。这样的对抗神经网络会通过两个阶段来生成图像:第一阶段实现生成低级别的图像特征,如草原、牛、羊等;第二阶段在第一阶段生成的特征图像上进行局部细节的细化,如牛羊的颜色、草原的颜色等,完成最终的图像生成。

8.4 生成对抗神经网络的架构

生成对抗神经网络之所以称为网络,是因为它是建立在一定的架构基础之上的。生成模型和判别模型的博弈对抗构成了生成对抗神经网络的基本架构。生成模型的输入是低维度的随机噪声,输出是高维度的张量,如音乐或图像就属于高维度的张量。判别模型的输入是高维度的张量,输出是低维度的向量。在训练过程中,生成模型的目标是尽量生成看起来和原始数据相似的内容去欺骗判别模型。而判别模型的目标是尽量把生成模型生成的内容和真实的内容区分开来。生成器不断试图欺骗判别器,判别器则努力不被生成器欺骗。也就是说,生成模型输出的高维度张量会不断地输入给判别模型,目的是判断生成的数据是否已经足够像真实的样本数据。完成模型训练后,在评估阶段可以通过给生成模型输入低维度的随机噪声,让生成模型输出高维度的张量数据。

关于GAN的生成和对抗,这里举一个古董市场交易的例子。不管是秦朝的盆,还是宋朝的碗,都有真有假,一般人又无法辨别,只能通过鉴宝专家来鉴别。假设有一个古董小贩A试图通过古董市场来售卖古董,A希望无论真假,都能尽可能多地卖出古董,古董鉴宝大师则希望尽可能少的假古董通过鉴别。尽管谁都不想假古董流入市场,但理想情况下会达到纳什均衡,如图8.5所示。

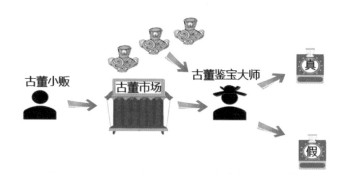

图 8.5　GAN 的古董市场交易解释

如图 8.5 所示,古董市场也对古董小贩做统一管理,不允许古董随意进入古董市场,需要进行审核。古董鉴宝大师可以监督古董市场的效果,并通过"误报"或"漏报"来惩罚古董市场,如图 8.6 所示。

图 8.6　GAN 的古董市场交易误报

接下来,古董小贩和古董鉴宝大师需要验证哪些古董通过了,这里可以通过混淆矩阵来评价自己的工作。混淆矩阵其实就是一个表格,如图 8.7 所示。

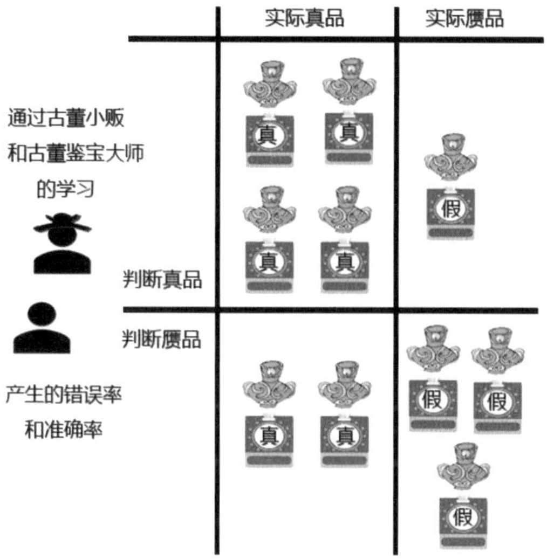

图 8.7　混淆矩阵

经过验证之后,古董小贩和古董鉴宝大师都知道出了什么问题,并从错误中学习。古董小贩会基于之前的成功经验尝试其他的方法来保证古董流入市场,古董鉴宝大师会看一下古董市场的运作哪里出错了,并改进过滤机制。二者相互对抗,相互竞争,古董小贩的水平和古董鉴宝大师的辨识能力都不断地提高,直到最终古董小贩能够达到手里所有的古董都能进入市场,这就是生成对抗的原理。

生成模型的转换过程是一个典型的升采样的过程,这一过程与反卷积神经网络的操作过程非常类似。

所谓的反卷积神经网络,也是神经网络的逆过程,是将某个卷积操作的输出张量还原成输入张量的过程。卷积操作实际上是一个加权求和的过程,卷积神经网络中往往包括卷积层、池化层和全连接层。而反卷积则难以实现反池化操作,因为池化过程是把非线性的转化成为线性的,很难把非线性的内容还原。这样,反卷积通常情况下会取消池化层,一般使用反卷积操作来实现升采样。对于图像处理领域来说,升采样通常需要从低分辨率的图像采样成高分辨率的图像,如图8.8所示。

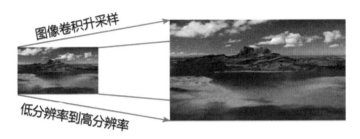

图8.8 升采样从低分辨率到高分辨率

反卷积神经网络经过升采样的典型模型结构如图8.9所示。

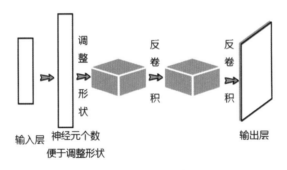

图8.9 反卷积神经网络典型模型结构

在GAN生成对抗神经网络中,生成模型经常采用反卷积神经网络。典型的生成模型网络结构如图8.10所示。

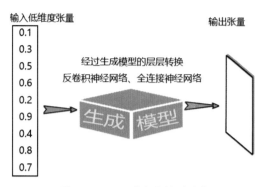

图 8.10　GAN 的生成模型结构

生成模型最终的生成样本会被传递给判别模型,判别模型转换的过程是典型的降采样,也就是把高维度、大尺寸的输入张量转换成低维度、小尺寸的输出张量,最终达到输出向量的过程。降采样的过程实际上与卷积神经网络的过程是类似的,如图8.11所示。

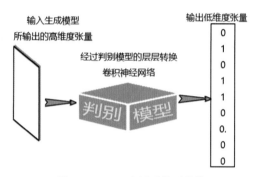

图 8.11　GAN 的判别模型结构

实际上,GAN生成对抗神经网络经常采用卷积神经网络作为判别模型。

8.5　生成对抗神经网络的训练方法

生成对抗神经网络中的生成模型和判别模型都是通过神经网络来实现的,衡量神经网络好与坏是通过预测值与实际值之间的准确率来体现的,提高预测值与实际值之间的准确率会使神经网络向好的方向发展,交叉熵代价函数就是其中的一种方式。这里,对抗神经网络的训练方法也从交叉熵代价函数开始介绍。

在了解交叉熵之前,先看一下熵的概念。

在如今的数字时代,信息都是一个个0和1。在通信时,有些位是有用的,有些位是多余的甚至是错误的,在传递信息时,应该尽量多地向接收者传递有用的信息。例如,生活中看到一个人喝醉酒,很多人就会猜测其原因,或是因为失恋,或是因为高兴,有许多种的可能性,所谓的熵指的就是信息量,信息量越小,熵值越小,信息量越大,熵值越大。每种可能的发生都会有一个概率,单种可能性概率的对数就是不确性函数的值,如图8.12所示。

醉
通过概率，对概率取log，取负值。
log2(1/0.25)=log2 4=2
概率:25%
概率:75%

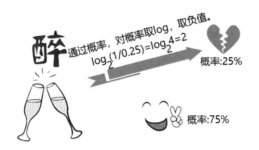

图 8.12 醉酒可能原因不确定性计算

在不确定性的基础上，将信源的平均不确定性称为信息熵，公式如下。

$$H = -\sum_{i=1}^{n} p(i) \log p(i)$$

将公式结合醉酒的不确定性平均值的信息熵，如图 8.13 所示。

通过概率，取log，取负值
-log (0.25)=log (1/0.25)=log (4)=2
醉
信息熵
根据信息熵公式，占比25%乘以熵值之和
75%*4.1+25%*2=0.81
-log (0.75)=0.41
通过概率，取log，取负值

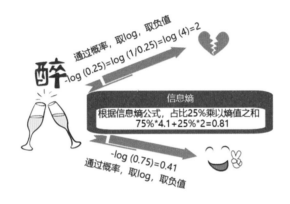

图 8.13 醉酒可能原因信息熵的计算

现在来谈谈交叉熵，它是平均消息长度。天气情况是变化无常的，不确定性很多，如果有 8 种可能的天气，每一种天气可以使用 3 位编码，能够计算这个概率分布的熵，如图 8.14 所示。

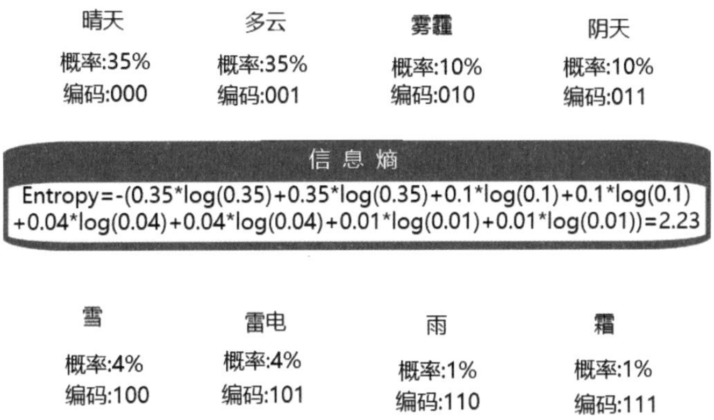

晴天
概率:35%
编码:000
多云
概率:35%
编码:001
雾霾
概率:10%
编码:010
阴天
概率:10%
编码:011
信息熵
Entropy=-(0.35*log(0.35)+0.35*log(0.35)+0.1*log(0.1)+0.1*log(0.1)
+0.04*log(0.04)+0.04*log(0.04)+0.01*log(0.01)+0.01*log(0.01))=2.23
雪
概率:4%
编码:100
雷电
概率:4%
编码:101
雨
概率:1%
编码:110
霜
概率:1%
编码:111

图 8.14 天气可能性 3 位编码信息熵的计算

3位编码的方法使收信人只能获得2.23个有用的位。再把天气编码的3位编码做一些修改,使用2位表示晴天和多云,3位表示雾霾和阴天,4位表示雪和雷电,5位表示雨和霜。接下来计算收信人获得的平均比特位,如图8.15所示。

晴天	多云	雾霾	阴天
概率:35%	概率:35%	概率:10%	概率:10%
编码:00	编码:01	编码:100	编码:101

信 息 熵

35%*2+35%*2+10%*3+10%3+4%*4+4%*4+1%*5+1%*5=2.42bits

雪	雷电	雨	霜
概率:4%	概率:4%	概率:1%	概率:1%
编码:1100	编码:1101	编码:11100	编码:11101

图 8.15 天气可能性多位不同编码信息熵的计算

可以看出,改进的交叉熵,比以前的3位效果要好。更改位数后信息熵计算式子发生了改变,如图8.14中的晴天采用3位的编码,交叉熵长度都为3,其概率是天气情况出现概率的35%,信息熵是$0.35*\log_2 0.35$,图8.15中的晴天采用2位的编码,信息熵乘积中使用35%*2,两个算式作对比,原有的$\log_2 0.35$变成了2,这个2相当于$2\log_2 2$,也就是$\log_2 2^2$,使用log函数中2的幂次用于对应传输消息的位数,预测的分布与真实的分布就会有很大的不一样,不断改变这个位数的交叉熵获得信息的有效位数会随之改善,真实的分布和预测分布的差异就会跟交叉熵有一定的关系。如果把预测的分布设为q,真实的分布设为p,交叉熵的公式表示如下。

$$crossEntropy = -\sum p(i)\log q(i)$$

由公式中反映了交叉熵为真实概率分布p和预测概率分布q的函数,它看起来与熵方程非常相似,如果我们的预测是完美的,即预测的分布q等于真实分布p,那么交叉熵就等于熵。如果预测分布和真实分布不同,那么交叉熵会比熵多一些位数。交叉熵超过熵的这个量就是相对熵,也可以说交叉熵与熵的比率就是相对熵,或者更常见的差值称为Kullback−Leibler散度,简称KL散度,其公式如下。

$$D_{KL(p\|q)} = \sum_{i=1}^{n} p(i)\log \frac{p(i)}{q(i)}$$

$$D_{KL(p\|q)} = \sum_{i=1}^{n} p(i)\log p(i) - \sum_{i=1}^{n} p(i)\log q(i)$$

$$D_{KL(p\|q)} = -\sum_{i} p(i)\log q(i) - \left(-\sum_{i} p(i)\log p(i) \right)$$

如果把预测值设为$\hat{y}$,真实值设为y,则交叉熵损失值公式如下。

$$L(\hat{y}, y) = y\log \hat{y} + (1 - y)\log(1 - \hat{y})$$

在生成对抗神经网络的判别模型进行训练时,$\hat{y}$为判别模型$D(x)$的预测值,y是判别模型输入的低维度张量数据,当真实数据为1时,交叉熵损失值函数公式变化如下。

$$L(D(x), 1) = \log(D(x))$$

在生成对抗神经网络的生成模型进行训练时，$\hat{y}$ 为生成模型 $G(x)$ 通过判别模型的预测值，在生成模型中判别假数据是否判断正确，其 y 值为 0 时，交叉熵损失值函数公式变化如下。

$$L(D(G(z)), 0) = \log(1 - D(G(z)))$$

判别器的最终目的是正确分类假数据和真实数据集。为此，应实现生成模型和判别模型交叉熵估算的最大化，判别器的最终损失函数表示公式如下。

$$L^{(D)} = \max[\log(D(x)) + \log(1 - D(G(z)))]$$

在生成对抗神经网络的整个训练过程中，生成器正在与判别器不断竞争。因此，将尝试使生成器的最终损失函数实现最小化，其公式如下。

$$L^{(G)} = \min[\log(D(x)) + \log(1 - D(G(z)))]$$

将判别器的最大化的损失函数与生成器最小化的损失函数组合起来，公式如下。

$$L = \min_{G} \max_{D}[\log(D(x)) + \log(1 - D(G(z)))]$$

上述损失函数仅对单个数据点有效，要考虑整个数据集，需要结合将上述等式的期望作为最终的误差函数，公式如下。

$$\min_{G} \max_{D} L(G, D) = E_{x \sim p_{data}}[\log(D(x)) + E_{z \sim p_z}\log(1 - D(G(z)))]$$

由公式可以看出，生成模型和判别模型对误差都会有影响。

GAN 模型的训练过程可以通过以下步骤来完成。

第一步是从潜在空间中抽取随机的点，这些点就是随机噪声，利用这个随机噪声和生成对抗神经网络的生成器生成图像。将生成器的生成图像与真实图像混合在一起输入判别模型，生成器的生成图像判别为"假"，真实图像判别为"真"，判别模型的目标是将二者区分开。经过训练，如果判别模型能够将真实样本与生成的数据区分开，可以得到一个判别模型，然后利用固定生成模型的参数来优化判别模型的参数。

第二步是继续在潜在空间中随机抽取新的点，使用这些随机向量及全部是"真实图像"的标签来训练第一步的生成对抗神经网络，这样做的目的是固定判别模型的参数，优化生成模型的参数。根据判别模型的辨识结果调整生成模型的参数，也就是更新生成器的权重，直到生成模型能够产生让判别模型无法区分的生成数据，使判别器能够将生成图像预测为"真实图像"。这个过程是训练生成器去欺骗判别器。

第三步是实现对第一步和第二步的循环执行，交替训练不断升级的生成模型和判别模型。经过一轮又一轮的训练，就会提高模型的准确率，最终得到每一步升级后的生成模型和每一步升级后的判别模型，直到能够欺骗判别模型，或者说能够生成以假乱真的数据。

GAN 的训练也是将判别模型和生成模型结合起来，因此 GAN 既能关注全局，又能关注细节，就像图 8.16 所示的古代阴阳相辅相成的八卦。

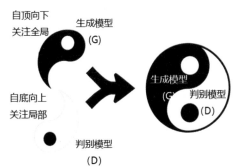

图 8.16　利用阴阳八卦解释生成模型和判别模型

8.6 生成对抗神经网络的优劣

表征学习的特点是直接向样本数据学习，其目的是尽可能地模拟全部样本数据。模型生成数据时为了取得较小的误差系数，往往采用取平均值、中值等方法，这一点恰恰容易导致样本模糊。GAN利用判别模型学习样本的分布，生成模型负责生成数据，判别模型用来判定是"真实的"样本数据还是"假的"样本数据。生成模型不是试图模拟全部的样本数据，而是生成"足够逼真"的数据。

GAN能够生成逼真的、清晰锐利的数据，根本原因在于目标函数（Object Function）。目标函数用来度量生成模型生成的数据分布与样本数据的分布是否一致，目标函数也称为损失函数或代价函数（Cost Function）。这里的目标函数可以采用相对熵。

传统模型往往采用自回归的模式来评价生成数据的质量，生成数据的速度非常慢，第一是由于计算量比较大，第二是由于只能进行串行计算。而GAN的生成模型采用简单的前向传播的神经网络来生成数据，一次就生成了完整数据，然后由判别模式来评价生成质量，判别数据是否与真实数据足够像，说明GAN采用并行生成数据的方式来生成数据。

因为传统模型需要通过最大似然估计来生成模型，往往会对样本数的先验分布和后验分布进行假设，这样会导致在计算最大似然估计时产生偏差。GAN无法预先假设样本数据的空间分布，而是通过求解对抗的博弈游戏来计算样本数据的空间分布，再通过判别模型和生成模型之间的相互对抗和训练找到纳什均衡点，进而得到真实的样本数据空间分布。

自2014年GAN被提出以来，种种优势使各个领域对GAN的研究都呈现爆发性增长。

GAN也并不完美，对抗学习的训练过程需要保证两个对抗网络的平衡和同步，否则难以得到很好的训练效果。而实际上，两个对抗网络的同步不容易把控，训练过程可能不稳定。另外，以神经网络为基础的生成模型也存在一般性缺陷，如不适合处理离散形式的文本数据等。

当然，目前也有研究者将GAN用于生成对抗文本，有针对或无针对地欺骗分类器或检测系统等。对于GAN而言，还有很长的路要走。

8.7 生成对抗神经网络的训练实战

一般神经网络都会使用TensorFlow模块，但是TensorFlow模块实现深度学习比较复杂，需要定义一个全连接层及其参数 W 和 b，然后定义输出等于输入乘以 W 加上 b 再取激活函数 a。tflearn则是一个建立在TensorFlow上的模块化的、透明的深度学习库，相比TensorFlow提供了更高层次的API。

tflearn用于实现生成器训练函数，生成器训练实际上是全连接的神经网络，tflearn的函数fully_connected可以实现全连接。全连接神经网络的基本结构包括输入层、隐藏层和输出层，使用两次fully_connected实现全连接网络，第一次实现从输入到隐藏，第二次实现从隐藏到输出。具体代码如下。

```
#构建生成器
def generate(x, reuse=tf.AUTO_REUSE):
    with tf.variable_scope('Generate', reuse=reuse):
        x = tflearn.fully_connected(x,256,activation='relu')
        x = tflearn.fully_connected(x,img_dim,activation='sigmoid')
        return x
```

代码中定义了生成器训练函数 generate,其参数为输入的随机噪声,reuse 参数会传入机器学习模块 TensorFlow 的 variable_scope 共享变量函数中,把"Generate"生成器变量共享全局,并且 reuse 参数指定 tf.AUTO_REUSE 来进行重复使用。在函数体中使用 tflearn 的全连接函数 fully_connected 实现生成器训练的神经网络。

接下来实现生成对抗神经网络的判别器训练函数。判别器训练函数实际上也是一个全连接网络,代码实现上也需要 fully_connected 实现判别器模型的神经网络,在 variable_scope 共享变量函数中,需要把"Discriminator"判别器作为共享全局变量。具体代码如下。

```
#构建判别器
def discriminator(x, reuse=tf.AUTO_REUSE):
    with tf.variable_scope('Discriminator', reuse=reuse):
        x = tflearn.fully_connected(x, 256, activation='relu')
        x = tflearn.fully_connected(x, 1, activation='sigmoid')
        return x
```

代码上与生成器训练函数的代码基本是一致的,只是使用 variable_scope 将"Discriminator"判别模型变量设为全局变量。

把生成器训练函数和判别器训练函数实现后,就可以进行生成对抗神经网络的训练了。具体代码如下。

```
import tensorflow.compat.v1 as tf
import tflearn
import tflearn.datasets.mnist as mnist
import matplotlib.pyplot as plt
import numpy as np
X, Y, X_test, Y_test = mnist.load_data()
img_dim = 784
z_dim = 200
total_sample = len(X)
tf.disable_v2_behavior()
#构建生成器模型
def generate(x, reuse=tf.AUTO_REUSE):
    with tf.variable_scope('Generate', reuse=reuse):
        x = tflearn.fully_connected(x,256,activation='relu')
        x = tflearn.fully_connected(x,img_dim,activation='sigmoid')
        return x
#构建判别器模型
def discriminator(x, reuse=tf.AUTO_REUSE):
    with tf.variable_scope('Discriminator', reuse=reuse):
        x = tflearn.fully_connected(x, 256, activation='relu')
```

```
        x = tflearn.fully_connected(x, 1, activation='sigmoid')
        return x
#构建网络
gen_input = tflearn.input_data(shape=[None,z_dim], name='input_noise')
disc_input = tflearn.input_data(shape=[None,784], name='disc_input')
#生成器,判别器
gen_sample = generate(gen_input)
disc_real = discriminator(disc_input) #判别网络
disc_fake = discriminator(gen_sample) #欺骗网络D
disc_loss = -tf.reduce_mean(tf.log(disc_real)+tf.log(1. -disc_fake))
gen_loss = -tf.reduce_mean(tf.log(disc_fake))
gen_vars = tflearn.get_layer_variables_by_scope('Generate')
gen_model = tflearn.regression(gen_sample, placeholder=None, optimizer='adam',
loss=gen_loss, trainable_vars=gen_vars,batch_size=64,name='target_gen',op_name='GEN')
disc_vars = tflearn.get_layer_variables_by_scope('Discriminator')
disc_model = tflearn.regression(disc_real,placeholder=None,optimizer='adam',loss=
disc_loss,trainable_vars=disc_vars,batch_size=64,name='target_disc',op_name='DISC')
gan = tflearn.DNN(gen_model)
#训练图像数据
z = np.random.uniform(-1.,1.,[total_sample,z_dim])
gan.fit(X_inputs={gen_input: z,disc_input: X},Y_targets=None,n_epoch=200)
f, a = plt.subplots(2,10,figsize=(10,4))
```

代码使用手写字识别来训练和测试生成对抗神经网络,mnist.load_data()代码实现了tflearn模块中手写字图片库的调用。接下来需要调用tf.disable_v2_behavior()来关闭TensorFlow的v2.0标准,这是由于tf.AUTO_REUSE可以重复的参数设置是TensorFlow的v1.0支持的。接下来的代码定义生成器模型generate和判别器模型discriminator,这两个模型的逻辑都是一个全连接网络,在主程序调用中,name='input_noise'用来输入随机噪声,name='disc_input'是整张图片的描述,此参数用来生成判别模型,也就是判别器模型使用随机噪声的数据产生的图片描述,discriminator(disc_input)函数中的传参就实现了随机噪声的判别模型输出,再将真实的数据通过判别模型进行输出,discriminator(gen_sample)函数的传参完成了这一任务。接下来需要定义生成模型网络和判别模型网络的损失函数,利用相对熵损失函数的公式计算生成模型的损失gen_loss和判别模型的损失disc_loss。有了生成模型和判别模型的数据及损失函数,就可以定义训练模型进行训练了。无论是生成模型还是判别模型,都需要使用get_layer_variables_by_scope函数调用全局变量'Generate'生成器和'Discriminator'判别器,使用regression方法来创建生成器模型和判别器模型,其中的optimizer参数决定优化器的选择,这里选择Adam优化器,对梯度的一阶和二阶估计进行综合考虑,计算出综合步长。regression函数的loss参数决定了每个模型的损失函数,trainable_vars参数决定了每个模型的可训练全局变量,也就是全局变量所指的训练器,batch_size=64表示每次训练的大小。然后使用DNN这种多隐藏层的神经网络作用于生成模型,最后调用fit方法将数据输入模型中进行训练。

通过代码训练后的输出如图8.17所示。

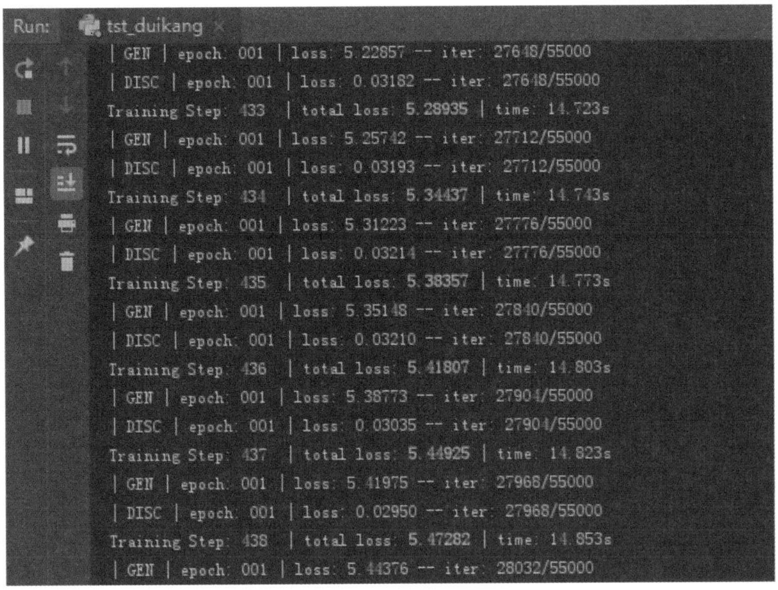

图8.17　输出结果

实现了生成对抗神经网络的训练后,输入任意一张图片的随机噪声,就可以预测生成对抗神经网络的最终效果了。

8.8 本章小结

本章主要阐述了生成对抗神经网络的原理及相关实践。生成对抗神经网络是一个比较新的生成模型方法,通过生成模型和判别模型的相互对抗,最终实现生成模型具备生成足够逼真的高维度数据的能力。对于生成对抗神经网络来说,其损失函数是一个相对熵的典型极大值、极小值问题,一方增强必然导致另一方减弱。不过生成对抗模型也容易生成模型坍塌,也就是针对多个输入,只能产生一个输出,无法生成多样的数据,导致生成对抗神经网络不具备应用价值,丧失了多样性。现实生活中并不缺少真实的数据,但全面体现真实数据量也是很麻烦的事情,通过随机噪声生成"足够真实"的数据是很有必要的,甚至可以解决现实生活中无法获取的数据,如未来10年后自己的照片。

可以说,GAN的应用发展就是不断地解决模型问题,不断地优化模型训练,解决最终模型预测的准确率,这是机器学习的神经网络最终的目的所在。

## 第9章

感知无人驾驶

图9.1　深圳无人驾驶地铁20号线

深圳地铁20号线一期线路起于机场北站，终至会展城站，线路全长8.43km，共设5座地下车站。如图9.1所示，这是全自动无人驾驶列车，速度为120km/h。

随着这条线路的运行，也标志着无人驾驶技术的进一步成熟。在未来，一定会有无人驾驶的汽车或其他无人驾驶的交通工具在路上行驶。

9.1 无人驾驶研究的必要性

现在的大都市生活中,有车成为一种时尚,交通堵车也成为一种日常。堵车的原因有很多,比如前方交通事故造成堵车,前方大量加塞车辆造成拥堵,前方交通管制或道路维修造成拥堵……如果所有的车辆都能够遵守交通规则,不加塞、不超速、不忽左忽右地挪移,依次排队通过,就可以大大减轻拥堵的程度,就算是有交通管制、道路维修等特殊情况,也可以提前变道或提前调整线路。从某种程度上来讲,堵车在很多情况下都是人为因素造成的。能不能有一种车辆"不饮酒",能不能有一种车辆"不斗气",能不能有一种车辆自动智能选取最短线路或无拥堵线路,能不能有一种车辆不再是"马路杀手"……一系列的需求展示在眼前,无人驾驶技术成为一种刚需,无人驾驶车成为研究方向。无人驾驶技术一直致力于提高道路交通安全,以及缓解城市交通拥堵问题,使人们的出行、生活方式更加智能化。

从2020年往前推的5年间,我国交通事故频繁发生,总体呈上升趋势,如图9.2所示。

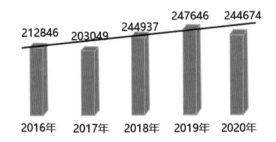

图9.2　2020年往前推5年的交通事故趋势

从图9.2中可以看出,2020年全国共发生交通事故244674起,而实际发生的数字肯定大于公安部统计的数字。一旦发生交通事故,不但有财产损失,伤亡也是难以避免的。图9.3所示为2020年交通事故伤亡比例。

图9.3　2020年交通事故伤亡比例

引发道路交通事故的原因很大程度上来自驾驶员注意力不集中、超速、酒后驾驶、鲁莽驾驶等。

无人驾驶技术不会莽撞加塞,只会按照程序设定的规则四平八稳地依次排队通过,这就可以大大减轻拥堵的程度,提高人们的出行效率。无人驾驶技术也有一定的智能性,可以根据实时路况自动调整路线,在最短时间内安全地把乘客送到目的地。把无人驾驶与的士结合的话,无人驾驶车辆不会发生拒载乘客的情况,只要有派单就按调度进行接送,也会减少夜晚开车的安全事故发生。疲劳驾驶、酒后驾驶、车辆抢劫等情况更加不会发生。无人驾驶不需要驾驶员,也会相应节省一大笔人力成本,老、弱、病、残、孕等都可以享受无人驾驶出行带来的安全和便利。

9.2 无人驾驶的概念

无人驾驶汽车又名无人车、自动驾驶汽车,本意上是指车辆能够依据自身对周围环境条件的感知、理解,自行进行运动控制,也就是驾驶操作完全由计算机来控制,并且能够达到人类驾驶员的驾驶水平。

无人驾驶技术是很多技术的综合体,包括多传感器融合技术、信号处理技术、通信技术、人工智能技术、计算机技术等。专业点说,无人驾驶技术就是通过丰富的车感传感器,如摄像头、激光雷达、毫米级雷达、GPS(全球定位系统)、惯性传感器等来识别车辆所处的周边环境和状态,并根据所获得的环境信息自主做出分析和判断,环境信息包括道路信息、交通信息、车辆信息和障碍物信息等,从而自主地控制车辆运动,最终实现无人驾驶。

对于车辆的智能化,美国国家公路交通安全管理局(NHTSA),提出了一套标准,定义了5个级别的自动驾驶水平,这5个级别都以L打头,分别为L0、L1、L2、L3、L4。国际汽车工程师协会(SAE)也提出了一套标准,表9.1为SAE的分级标准。

表9.1 车辆智能化SAE的分级标准

等级	名称	环境、驾驶、应对情况的参与
L0	人工驾驶	驾驶员操作
L1	辅助驾驶	驾驶员参与
L2	半自动驾驶	驾驶员参与
L3	自动驾驶	驾驶员参与
L4	高度自动驾驶	系统操作
L5	完全自动驾驶	系统操作

在L0级,谈不上自动驾驶,完全由人类驾驶员驾驶车辆。

L1级称为辅助驾驶,计算机分别控制汽车的油门、方向盘和刹车。增加了预警提示类功能,如车道偏离、前撞、盲点检测等。预警提示并不能主动干预,还需要驾驶员进行干预。

L2级称为半自动驾驶,计算机可以相互配合控制两个及两个以上的部分,也具备干预辅助类预警提示功能,如自适应巡航控制、紧急自动刹车、车道保持辅助等。这个级别可以进行简单的自动控制速度,实现在高速公路上自主加速,或在紧急时刻自主刹车等功能,但是预警的功能还是需要驾驶员参与。

L3级称为自动驾驶,计算机综合控制汽车的油门、方向盘和刹车,虽然已经能够依靠自身传感器来感知周围驾驶环境,但是监控任务还是需要驾驶员主导,在紧急情况下需要驾驶员进行操作。

L4级称为高度自动驾驶,是指在限定区域或限定环境内驾驶,如固定园区、封闭线路、半封闭高速公路等环境下,可以实现完全由车辆感知环境,紧急情况下自行干预,无需人类驾驶员进行任何动作,也就是说,车辆可以没有方向盘、油门、刹车踏板。武汉经开区的龙灵山自动驾驶主题公园就使用了在封闭区域的自动驾驶技术,在公园内,有无人售卖车卖饮料,只需朝车子挥挥手,无人车就会"听话"地停下来,在车侧面屏幕上挑选好饮料,扫码付款,"咚"一声,一瓶饮料落到取货口。

L5级称为完全自动驾驶,完全不需要驾驶员,也不需要干预方向盘和油门、刹车等,并且不局限于特定场景的驾驶,是一种在完全开放的任意场景和环境下的自动驾驶。

无人驾驶技术达到L5级别还是有一段路需要走的,原因如下。

第一是路况复杂,中国城市的道路在设施上还是比较完善的,道路线、交通标识、红绿灯应有尽有。但是在某些辅路上,还是有自行车、行人、停驶的汽车及慢速行进的汽车等,在诸如乡村、县城等区域,交通的参与者情况更复杂,路人、自行车、三轮车、动物甚至是马车均为道路交通的风景线,在这类场景下,哪怕是人工驾驶也需要小心谨慎,精神高度集中,甚至需要紧急刹车处理突发事件。对于机器来说,这些复杂、变化多端的交通状况也是实现完全自动驾驶之路的障碍。

第二是不同的地域有不同的法规和制度。例如,香港好多车的司机座位在右侧,内地的司机座位在左侧,这也是由驾驶习惯决定的,香港是左侧行驶,内地是右侧行驶。同时,不同的地域也有不同符号的交通标志。如果要生产全球通用的无人驾驶车,系统复杂性也是相当高的。

第三是机器也容易出现异常情况。用过手机的都知道手机会出现死机,用过计算机的也清楚计算机会出现蓝屏。无人驾驶既然是计算机控制驾驶,就要考虑一旦死机该如何处理。同时,人类对自身犯错有容忍的心态,但是对于机器犯错则是零容忍。如某个路段由于施工未及时更新造成堵车,人类急了;在条件特别差的情况下没有识别出障碍物,人类怒了;再遇到个信号不好或一直加载中的情况,人类可能就直接崩溃了。这样的矛盾也是需要考虑在内的。

第四是最关心的成本,无人驾驶车越智能,配置一定也越高,这样价格成本会让很多人望而生畏。

虽然无人驾驶还有很多难点,但是不能阻挡进步的力量,只有对技术不断地研究,才有可能解决每一个问题。

9.3　无人驾驶系统的基本架构

无人驾驶系统的核心是由三个部分构成的,这三个部分是感知、规划和控制。这些部分的交互、对环境的感知及协调车辆的结构如图9.4所示。

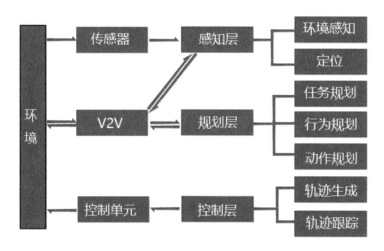

图9.4 无人驾驶系统的结构

无人驾驶汽车使用很多传感器和雷达,实现避开行人、自动转弯刹车、保持车距等功能。结构图中的V2V是一种无线网络通信,可以在这个网络上实现汽车之间互相传送信息,告诉对方自己在做什么,让无人驾驶更加智能。对于雷达来说,最多只能探测到前方5秒路程内的状况,而V2V可把范围扩展得更加广泛,能够让汽车和驾驶者更好地做出判断。

感知是指无人驾驶系统在环境中对信息进行收集从而提取相关知识的能力。这里的环境感知指的是对于环境的场景理解能力,如障碍物的位置类型、道路标志或标记的检测、行车车辆的检测、交通信号等数据的语义分类。定位也属于感知,是对感知后的处理,通过定位功能确定无人驾驶车在环境中所处的位置。

规划是指无人驾驶车为实现某一目标而做出决策和计划的过程。对于无人驾驶车辆而言,这个目标就是从起始地到达目的地,在这个过程中要避开各种障碍物,并且不断优化行车路线轨迹和行为,用来保证乘车的安全和舒适。规划层可以被细分为任务规划、行为规划和动作规划。

控制是指无人驾驶车准确地执行规划好的路径和轨迹,以保障无人驾驶车辆正常行驶,并及时地给予车辆合适的油门、刹车信号等。控制层可以细分为轨迹生成和轨迹跟踪。

9.3.1 环境感知

无人驾驶车的运行是离不开环境的,对环境的把握和理解是无人驾驶车安全运行的关键,行人的位置、行人的速度、突然出现的动物、车辆的位置和车辆的速度等都是环境感知的部分。环境感知需要获取大量的周围环境信息,除了感知外,还要预测下一时刻可能的行为、可以控制行驶的区域及交通规则的处理。

无人驾驶车是通过激光雷达、摄像头、毫米级雷达等多种传感器传输的数据来获取相关信息的。

激光雷达是使用激光束进行探测和测距的一种设备,它能够实时地建立起周围环境的三维地图,通常以10Hz左右的频率对周围环境通过旋转方式进行扫描,每一次扫描的结果都会有很多密集的点,每个点具备三维点(x,y,z)信息,由这些点构成三维图形,由于点的数量巨大,所以又被称为点云数据,点云数据构建的图也叫点云图。图9.5所示的就是激光雷达绘制的点云图。

图9.5　激光雷达绘制的点云图

激光雷达是无人驾驶系统中最重要的传感器之一,它的测量结果具有高度可靠性、准确性。但是也不是绝对完美的,在比较开阔的地带,特征点并不明显,点云数据就会过于稀疏,也有可能出现丢失点的问题。对于不规则的物体表面,激光雷达也很难辨别它的特征,在大雨、大雾等复杂天气情况下,很多事物也会很模糊,激光雷达的数据质量也会受到很大影响。

激光点构成的云数据被收集到以后还需要进行数据的清洗操作,数据之所以对无人驾驶技术有用,在于通过其能够区分出行人、车辆或其他障碍物等信息。将点云图中离散的点使用聚类算法重新进行分组,聚合成一个个整体,这一步叫分割,分割后需要进行分类,也就是区分出一个个整体数据属于哪一种类别,是行人类、车辆类还是其他障碍物类等。

分类算法可以使用支持向量机(SVM)、决策树、K均值等算法,在实战部分,会使用Python的模块实现决策树和K均值,这些算法会对聚类的特征进行分类,使用卷积神经网络CNN也可以实现三维的点云分类。

对于环境开阔造成反射点稀疏的问题,在实践中可以融合激光雷达和摄像头传感器,利用摄像头的高分辨率来对目标进行分类,接着再次利用激光雷达的可靠性对障碍物进行检测和测距,完成最终的环境感知。

道路的检测主要包括对车道线的检测和可行驶区域的检测。车道线的检测既要识别车道线,也要确定车辆自身相对于车道线的偏移。车道线有直的和弯曲的,对于弯曲的车道线,需要计算其弯曲率来决定方向盘的控制角度,同时也要确定无人车在车道线的哪个位置。提取车道的相关特征,如边缘特征,利用边缘像素的变化率来检测车道线的弯曲率和颜色特征等,接下来使用多项式拟合车道线的像素,基于多项式和摄像头在车上挂载的位置来最终确定前方车道线的弯曲率和车辆相对于车道的偏离位置。

对于可行驶区域的检测,可以采用深度学习神经网络对场景进行像素分割,通过像素级分类训练的深度神经网络实现对图像可行驶区域的分割。

9.3.2　定位

无人驾驶车需要确定自己相对于外界环境的准确位置,这就是定位。在城市道路中,车辆轮胎在行驶过程中很容易擦到或蹭到两边的护栏等,这就要求定位的精度误差不超过10cm。由于盲区的存在和软件故障等原因,传感器对于无人驾驶车的定位也不一定能够百分百避障成功。但在无人驾驶车技术的发展过程中,无论是从硬件层面还是软件层面,定位精度也是在不断提高的。

无人驾驶车定位方法使用最广泛的是全球定位系统和惯性导航系统的定位方法,全球定位系统简称GPS,惯性导航系统简称INS。无人驾驶车的定位精度是由使用器件成本所决定的,一般在几十米到几厘米级别之间。不过GPS也有信号上面的问题,在GPS信号缺失、微弱的情况下,例如在地下停车场或高楼密集的市区中,高精度定位也很不容易做到,只能适用于部分开阔的、信号良好的环境。

除了GPS和INS定位方法外,地图辅助类定位算法是另一类无人驾驶车定位算法。SLAM是业界公认的视觉领域空间定位技术的前沿方向,中文译名为同步定位与地图构建,其主要用于解决机器人在未知环境运动时的定位和地图构建问题。SLAM通过利用摄像头、激光雷达等传感器已经观测到的环境特征数据,确定当前车辆的位置及当前观测目标的位置,这是通过以往的先验概率分布和当前的观测值来估计当前位置的过程。

SLAM的问题可以这样理解,当你来到一个陌生的环境时,首先用眼睛观察周围地标,如标志性建筑、树木或花坛等,然后记住它们的特征,这相当于特征提取。接着根据眼睛获得的相关信息,在自己的脑海中把特征地标组建成三维地图。自己在行走的时候,不断获取新的特征地标并校正自己头脑中的地图模型,根据自己前一段时间行走获得的特征地标确定自己的位置。扫地机器人的工作思路也是如此,这是很典型的SLAM问题。SLAM技术使用激光雷达、视觉摄像头等传感器进行地图的构建,然后在构建好的SLAM地图的基础上实现定位、路径规划等其他操作。SLAM这个方法包括贝叶斯滤波器、卡尔曼滤波器、扩展卡尔曼滤波器,以及粒子滤波器等,这些方法都是基于概率和统计原理的定位技术。园区无人摆渡车、无人清洁扫地车等,都广泛使用了SLAM技术。

有了点云地图之后,通过程序和人工处理的方法将"语义"元素添加到地图中,例如添加车道线的标注、交通信号标志、红绿灯及结合当前路段的交通规则等,这就形成了包含语义化元素的地图,也就是无人驾驶领域里的"高精度地图"。在实际定位中,将激光雷达的扫描数据和高精度地图结合进行点云匹配,用来确定无人车在地图中的具体位置。这类方法称为扫描匹配方法,该方法基于当前扫描和目前扫描的距离度量来完成点云配准。

正态分布变换也是点云配准的另一种常用方法,属于用非线性优化方法解决SLAM的帧间匹配算法中的一种,简称NDT。NDT算法的主要思想是为前一帧激光点划分栅格,并假设每一块栅格的激光点分布符合正态分布,把当前帧激光点数据通过转换矩阵转换到前一帧上来,求和计算转换之后的激光点的概率之和,可以用最优化方法最大化这个概率之和,从而解得转换矩阵,达到帧间匹配的作用。

9.3.3　任务规划

任务规划,也被称为路径规划或路由规划,是解决无人车从起点到终点,走什么样路径的问题。其对应着两类问题:总体路径规划和局部路径规划。总体路径规划负责给无人驾驶车设定目的地,以及从出发地到目的地,走哪条路最好。局部路径规划负责在行进过程中,遇到障碍、行人、车辆甚至小动物等时,规划理想的行进路径。

道路系统都是由各条路径构成的,在各条路径中进行路径的规划,由于实际生活中道路有单行线或双行线,因此错综复杂的道路系统可以简化成有向图网络。有向图网络能够表示道路和道路之间的连接情况、通行规则、道路的路宽等各种信息,这些信息可以理解成高精度地图的"语义"部分。有"语义"标注的有向图网络也被称为路网图,如图9.6所示的地铁路网图,就是有站台名标注的有向图网络。

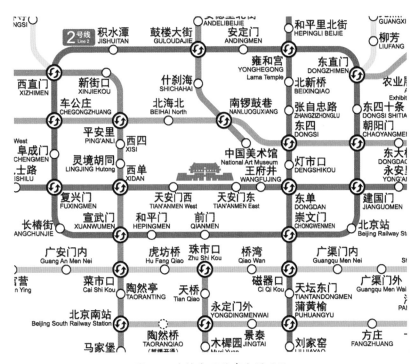

图9.6　地铁内网的有向图网络

为了让车辆到达某个目的地,也就是从某地到某地,规划路径问题就演变成了一个有向图搜索问题,需要从有向图网络中选取最优路径,传统的算法如迪可斯特朗算法、A*算法、D*算法等,主要应用于搜索路网图中代价最小的路径。

算法思想在起点周围不会遇到障碍的所有可能点中寻找最短路径,不同的算法在计算量上有不同的优化。

9.3.4 行为规划

行为规划,也称为决策制定,可以通俗地理解成驾驶员根据目标和当前的交通情况来决定是跟车还是超车,或者停车等待行人通过还是绕过行人等对下一步动作的预测。

对于行为规划的实现,可以使用包含大量动作短语的复杂有限状态机。有限状态机的特点是从一个简单的起始状态出发,根据不同的驾驶场景跳转到不同的动作状态,同时将要执行的动作传递给下层的动作规划层,图9.7所示为车辆行进过程中遇到行人的简易有限状态机。

刹车、驾驶、避障这三个简易的状态可以理解成行为集合,根据状态的不同情况,不同的行为就会被触发。当无人驾驶车处于正常驾驶的状态时,驾驶的行为状态被触发,无人驾驶车向目的地运动。如果在前进的道路上有障碍物存在,无人驾驶车将处于避障状态,局部规划模块就会被触发,产生一个目标。目标依据无人驾驶车与障碍物的位置关系生成,这个目标有可能又转化成刹车状态,在这个状态中,如果障碍物是活动的人,并运动到无人驾驶车前方可直接操纵的位置,无人驾驶车将退出此状态,切换到其他状态。否则,无人驾驶车将一直处于驾驶状态到目的地,如图9.8所示。

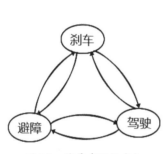

图9.7 简易有限状态机

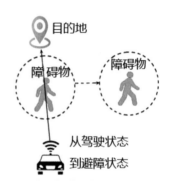

图9.8 车辆行进的状态转换

行为规划系统通过有限状态机主要负责两方面的内容,静态方面是基于道路和交通规则的指令,动态方面是基于周边环境的交互指令和预测。虽然有限状态机是目前无人驾驶车上采用的主流行为决策方法,但是,有限状态机仍然存在着很多局限性。因为它需要人工设计大量有效的状态以实现复杂的行为决策,而道路千万条,突发情况也有很多不同,人工设计的状态很难考虑全面。车辆有可能会碰到有限状态机没有考虑过的状态,这样状态机的扩展也会成为问题。更重要的是,如果有限状态机没有设计死锁保护,车辆甚至可能陷入某种死锁状态。

9.3.5 动作规划

无人驾驶车的动作规划是通过规划一系列的执行动作以达到某种目的的处理过程。动作规划可以拆分成两个问题,一个是轨迹规划,是发生在二维平面上的优化轨迹问题;另一个是速度规划,是在选定轨迹后,用什么样的速度来行驶这条轨迹的问题。

动作规划算法的性能可以用两个指标来衡量,即计算效率和完整性。计算效率指的是完成一次动作规划的计算处理效率,这样的计算效率在很大程度上取决于配置空间。完整性指的是一个动作规划算法在问题有解和无解的情况下都能在有限时间内返回一个解。

在计算效率中,谈到了配置空间的问题,配置空间指的是一个定义了机器人所有可能配置的集合,并定义了机器人所能运动的纬度。例如$[x,y]$就是最简单的二维离散问题的配置空间,对于无人驾驶车来说,配置空间可以非常复杂,这跟无人驾驶车的运动规划有关。引入配置空间,无人驾驶车的动作规划就变成了:在满足给定若干约束条件的情况下,在配置空间中找到一系列的动作以达到给定的目标配置,这些动作的执行结果就是将无人驾驶车从给定的初始配置转移到给定的目标配置。这里有三个条件是给定的:初始配置、目标配置及若干个约束条件。在无人驾驶车的使用场景中,这三个给定的条件可以这样理解,给定的初始配置通常是无人驾驶车的当前状态,如当前的位置、速度等,给定的目标配置则来源于动作规划的行为规划层,给定的约束条件则是车辆的运动学限制,如最大转角、最大加速度等。

目前,无人驾驶车的配置空间是高维度的,相当于一个连续的空间模块,动作规划中解决该问题的核心理念是将连续空间模型转换成离散模型,可以概括为组合规划方法和基于采样的规划方法。

组合规划方法是通过对规划问题建立离散表示来找到完整的解。基于状态采样的规划方法需要考虑两个状态的控制约束,同时还需要一个能够有效地查询采样状态和父状态是否可达的方法。

9.3.6　预测控制

驾驶车辆在马路上行驶,一般都是选定了一条车道,然后会习惯于在车道中间行驶,当车偏离车道中心线一定距离后,会回正方向盘到中心位置。无人驾驶汽车中的司机不是人,而是车上的智能驾驶系统。无人驾驶系统利用车载的摄像头、激光雷达、高精地图等传来的数据信息,确认当前道路有几条车道,系统根据目的地择优选择了一条车道。在无人驾驶系统的眼里,车道是由两条曲线包围的平面区域,根据车道两边的车道线计算出车道中心线,如图9.9所示。

图9.9　车道曲线的平面区域及车道中心线

车辆能够在车道上行驶是控制系统的基本功能,但不是全部功能。自动驾驶控制系统层的根本目的在于把规划好的动作由车辆控制层面来实现,这样,控制模块的评价指标即为控制的准确度。控制器通过比较车辆的测量和预期来输出相应的控制动作,这一过程称为反馈控制。反馈控制器中最典型的是PID控制器,PID控制器的控制原理是基于误差信号,误差信号由三个选项构成,分别是误差的比例、误差的积分和误差的微分。不过,正是因为PID控制器是单纯地基于当前误差反馈,由于制动结构的延迟性,会给控制本身带来非常大的延迟影响,为了解决这一问题,引入基于模型预测的控制方法。

模型预测控制是借助车辆运动模型来预测未来一个时间段的运动,同时通过不断优化控制参数来拟合这一系列运动的方法。模型预测控制由以下四部分组成。

第一部分是预测模型,是车辆的运动学或动力学模型,通过当前的状态和控制输入来预测未来一段时间内状态的模型。

第二部分是反馈校正,相当于对模型施加的反馈校正,使预测控制具备很强的抗扰动和克服系统不确定性的能力。

第三部分是滚动优化,滚动地优化控制序列,最终得到与参考轨迹最接近的预测序列。

第四部分是参考轨迹,也就是预先设定的轨迹。

模型预测控制基于运动模型不断进行优化,基本结构如图9.10所示。

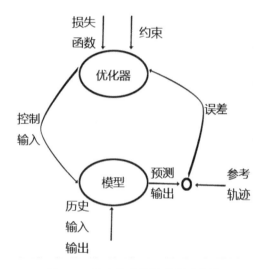

图9.10 运动模型的模型预测控制

模型预测控制把历史的输入输出通过模型最终产出预测的输出,同时结合预测的输出误差校正,协同计算出的参考轨迹,通过优化器的优化计算预测出控制输入,这样的输入还会再次结合模型训练进行输出。

无人驾驶车控制还有另外两个问题,分别是轨迹生成和轨迹跟踪。

轨迹生成指找到一组控制输入,使预期的输出结果为目标状态的轨迹。无人驾驶车领域中使用的轨迹生成方法通常都是基于车辆动力学模型的。纯跟踪算法的输入是一系列路径点,它通过计算一条曲线来实现让车辆从当前位置移动到目标位置。轨迹跟踪主要分为两类方法:基于几何路径跟踪方法和基于模型的跟踪方法。基于几何路径跟踪方法使用简单的几何关系来导出转向控制规则,这类方法利用前视距离来测量车辆前方的误差,其复杂度也是从简单的圆弧计算到复杂的几何定理。基于模型的跟踪方法通常使用车辆的运动学和动力学模型来实现。轨迹生成和轨迹跟踪的相互作用,能够使车辆跟踪目标点,随着车辆自身的移动,前视目标点也随之移动,从而使得车辆沿着一系列轨迹点行驶。这种循迹的方法与驾驶员开车的场景是一样的,人类开车的时候也是盯着道路前方一段距离来控制方向,从而让车到达前方的那个位置。

9.4　sklearn模块实战分类

在人工驾驶技术中,环境识别的内容分类问题及其算法是一个重要分支,应用越来越广泛,这里在介绍相关分类算法理论的基础上,再结合sklearn模块进行实现。

首先介绍KNN分类算法。

9.4.1　欧氏距离:KNN分类原理与实现

"近朱者赤,近墨者黑"是KNN算法的真实写照。KNN的英文名称是K-Nearst Neighbor,就是K个最近的邻居的意思,又叫K近邻算法,说的是每个样本都可以用它最接近的K个邻居来代表。

电视剧中常常有主角失忆的场面,记不得"我是谁",KNN就可以帮助解决这样的问题。假设有两个球队在场上踢球,球队A和球队B的球员交叉在一起,对抗性很强,突然,其中一个球员摔倒失忆了,不知道自己是哪一队的了,依据K近邻算法,可以通过球员身上球衣的颜色,识别出失忆人到底是哪一队的球员。虽然这个例子有点滑稽,但我们在观看球赛的时候,就是通过球场上服装的颜色来辨别到底是哪一队的球员接触到了足球,这正是典型的颜色K近邻分类问题,如图9.11所示。

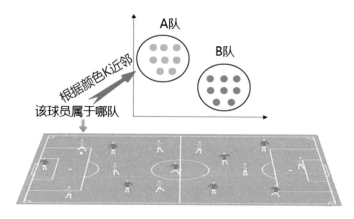

图9.11　足球场球员球衣颜色KNN分类

在K近邻算法中,距离的计算一般使用欧式距离,其公式如下。

$$\text{distance}(A, B) = \sqrt{\sum_{i=1}^{n}(x_i - y_i)^2}$$

这里K近邻算法的具体实现使用Python的sklearn模块。

sklearn是基于Python语言的机器学习工具包,是目前做机器学习项目的强大工具。sklearn自带了大量的数据集,说明KNN近邻算法的数据就来自sklearn数据集中的鸢尾花,也就是iris数据集。鸢尾花数据集是一个多重变量数据集,通过包含的4个属性(花萼长度、花萼宽度、花瓣长度、花瓣宽度)来预测属于三类鸢尾花中的哪一类。具体三种鸢尾花包括山鸢尾、虹膜锦葵、变色鸢尾。

使用sklearn加载鸢尾花数据集,然后分成训练集和测试集,调用K近邻算法,最终实现鸢尾花分类的训练和测试。具体代码如下。

```python
from sklearn.preprocessing import StandardScaler
from sklearn.model_selection import train_test_split
from sklearn.neighbors import KNeighborsClassifier
from sklearn.datasets import load_iris
iris = load_iris()
# 分割数据集
x_train, x_test, y_train, y_test = train_test_split(iris.data, iris.target, test_size
=0.25)
# knn算法流程
knn = KNeighborsClassifier()
knn.fit(x_train, y_train)
y_predict = knn.predict(x_test)
# 预测结果展示
labels = ["山鸢尾", "虹膜锦葵", "变色鸢尾"]
for i in range(len(y_predict)):
    print("%d: 真实值:%s  \t预测值:%s" % ((i+1), labels[y_predict[i]], labels
[y_test[i]]))
print("准确率:", knn.score(x_test, y_test))
```

这段代码首先使用load_iris方法加载鸢尾花数据,接下来通过train_test_split方法将数据分割成训练集和测试集,通过方法中的test_size参数指明测试集大小。然后实例化sklearn包中的K近邻算法类KNeighborsClassifier,继而调用fit方法实现训练器数据拟合分类器模型,predict()方法实现对测试数据的预测。最后遍历for循环输出鸢尾花数据测试集中的测试数据与真实值的对比值,得出预测的正确率。代码运行结果如图9.12所示。

图9.12　sklearn实现鸢尾花数据的K近邻分类运行结果

从输出结果中可以看出,最后的准确率约为95%,说明模型的拟合度还是很高的。

在分类方法中,除了KNN外,还有朴素贝叶斯算法。

9.4.2　贝叶斯算法:朴素贝叶斯分类原理与实现

朴素贝叶斯解决的是概率问题,例如驾车时速处于超速的情况下,撞车的概率有多大,也就是说超速不但可能发生撞车,还有可能被扣分罚款。现在收集了6个超速的相关数据,不同的职业、不同的心态有不同的超速情况,具体数据见表9.2。

表9.2 朴素贝叶斯超速信息数据表

超速的原因说明	职业	超速结果
上班迟到	办公室人员	撞车
寻求刺激	闲散人员	扣分罚钱
上班迟到	老板	扣分罚钱
寻求刺激	闲散人员	撞车
上班迟到	办公室人员	扣分罚钱
寻求刺激	学生	撞车

在这个数据中,计算寻求刺激的闲散人员撞车的可能性有多大,可以使用如下贝叶斯公式。

$$P(\frac{A}{B}) = \frac{P(\frac{B}{A}) \times P(A)}{P(B)}$$

可以得出

$$P(\frac{撞车}{寻求刺激 \times 闲散人员}) = \frac{P(\frac{寻求刺激 \times 闲散人员}{撞车}) \times P(撞车)}{P(寻求刺激 \times 闲散人员)}$$

$$= \frac{P(\frac{寻求刺激}{撞车}) \times P(\frac{闲散人员}{撞车}) \times P(撞车)}{P(寻求刺激) \times P(闲散人员)}$$

$$= \frac{0.67 \times 0.33 \times 0.5}{0.5 \times 0.33} = 0.66$$

式子中的 $P(\frac{寻求刺激}{撞车})$ 表示在撞车的条件下寻求刺激的概率有多大,从给出的6个数据中可以看出,3个数据发生了撞车事故,因为寻求刺激而撞车的原因占了2个数据,其概率值取 $\frac{2}{3} \approx 0.67$。

同理,式子中 $P(\frac{闲散人员}{撞车})$ 表示在撞车的条件下闲散人员的概率有多大,从给出的6个数据可以看出,3个数据发生了撞车事故,其中职业为闲散人员的占了1个数据,其概率值取值 $\frac{1}{3} \approx 0.33$。

这里,形如 $P(\frac{A}{B})$ 表示的就是 B 条件下 A 的概率,称为条件概率。朴素贝叶斯就是使用这样的公式算法来计算每个特征的概率,再根据概率的大小决定具体的分类。

用朴素贝叶斯的方法来分类鸢尾花数据,代码如下。

```
from sklearn.model_selection import train_test_split
from sklearn.naive_bayes import MultinomialNB
from sklearn.datasets import load_iris
iris = load_iris()
# 分割数据集
x_train, x_test, y_train, y_test = train_test_split(iris.data, iris.target, test_size
=0.25)
# bayes算法流程
bayes = MultinomialNB()
bayes.fit(x_train, y_train)
y_predict = bayes.predict(x_test)
# 预测结果展示
labels = ["山鸢尾", "虹膜锦葵", "变色鸢尾"]
for i in range(len(y_predict)):
    print("%d:  真实值:%s  \t预测值:%s" % ((i+1), labels[y_predict[i]], labels
[y_test[i]]))
print("准确率:", bayes.score(x_test, y_test))
```

这段代码同KNN算法的代码大体上相同,不同的地方在于实例化算法模型的时候。实例化的是MultinomialNB多项式朴素贝叶斯模型,然后继续使用fit方法实现训练器数据拟合分类器模型,使用predict()方法实现对测试数据的预测。最后遍历for循环输出鸢尾花数据测试集中的测试数据与真实值的对比值,得出预测的正确率。代码运行结果如图9.13所示。

图9.13　sklearn实现鸢尾花数据的朴素贝叶斯分类运行结果

由输出结果中可以看出准确率为55%,显然KNN分类的效果比朴素贝叶斯的效果好。

最后再看一下决策树的分类效果。

9.4.3　决策之树:决策树分类原理与实现

决策树是一种树状结构,它的每一个叶子节点对应着一个分类,非叶子节点对应在某个属性上的划分,根据样本在该属性上的不同取值将其划分成若干个子集。如图9.14所示为通过决策树来展示对驾驶车辆交通违章的分类。

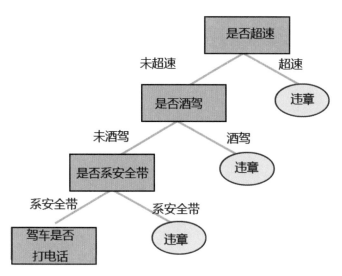

图9.14　决策树展示驾驶车辆交通违章的分类

从图9.14中可以看出,决策树就像一棵树的结构,最上面有一个树根,这里称为根节点,若干个判断条件形成内部节点,标明"违章"的结果是一个叶子节点,代表着决策结果或一个类。如9.15所示为树与决策树的节点对比。

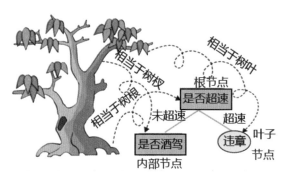

图9.15　树与决策树的节点对比

用决策树算法来分析问题,重要的是如何构建一棵决策树。

ID3算法提出一种合理的选择属性的方法,也就是选择树权的方法。这里要引入信息学中熵的概念。算法通过公式计算属性的熵来得出一个属性对事情的确定性能产生多大的影响,从而选出最好的属性。计算公式如下。

$$H = -\sum_{i=1}^{n} p(i)\log_2 p(i)$$

其中,p_i 表示第 i 个类别在整个样本中出现的概率。度量熵的方法也称作香农熵。

属性对于决策树内部节点的重要程度由熵值确定,熵越大,信息越少,反之,信息越多。决策概率属性确定后,如果发生了信息的混乱程度减少,就是选出的重要属性。因此,熵的减少量决定了属性的重要程度,这种减少量称为信息增益。计算信息增益的公式如下。

$$\text{信息增益} = \text{entroy}(\text{前}) - \text{entroy}(\text{后})$$

如果将计算使用所有特征的划分数据集设为 D,信息增益用字母 g 来指代,公式变为:

$$g(D, A) = H(D) - H(D|A)$$

当特征取值较多时,根据此特征划分更容易得到纯度更高的子集。划分之后的熵更低,由于划分前的熵是一定的,因此信息增益更大。

C4.5算法针对 ID3 算法的缺点,提出信息增益比。信息增益比公式如下。

$$\text{信息增益比} = \text{惩罚参数} \times \text{信息增益}$$

同样将样本集合设为 D,将当前特征设为 A,作为一个随机变量,其取值是特征 A 的各个特征值,求得的经验熵为:

$$H_A(D) = -\sum_{i=1}^{n} \frac{|D_i|}{|D|} \log_2 \frac{|D_i|}{|D|}$$

特征取值较少时,$H_A(D)$的值较小,因此其倒数较大,信息增益也比较大。

基尼指数 CART 算法是针对 C4.5 的缺点提出的,表示在样本集合中一个随机选中的样本被分错的概率。其公式如下。

$$\text{基尼指数(基尼不纯度)} = \text{样本被选中的频率} \times \text{样本被分错的频率}$$

用 Gini 表示基尼指数,P_k 表示选中的样本属于 k 类别的频率,这样,这个样本被分错的频率为 $1-P_k$。基尼指数的公式变为:

$$\text{Gini}(p) = \sum_{i=1}^{k} P_k(1 - P_k) = 1 - \sum_{k=1}^{k} P_k^2$$

无论是基尼指数还是 C4.5,或是 ID3,都是在确定数据集中属性的重要程度,根据其重要程度构成决策树的内部节点,最终形成树结构。

使用决策树的分类方法来分类鸢尾花数据,代码如下。

```
from sklearn.model_selection import train_test_split
from sklearn.datasets import load_iris
from sklearn.tree import DecisionTreeClassifier
iris = load_iris()
# 分割数据集
x_train, x_test, y_train, y_test = train_test_split(iris.data, iris.target, test_size
=0.25)
# 决策树算法流程
tree = DecisionTreeClassifier()
tree.fit(x_train, y_train)
y_predict = tree.predict(x_test)
# 预测结果展示
labels = ["山鸢尾", "虹膜锦葵", "变色鸢尾"]
for i in range(len(y_predict)):
    print("%d: 真实值:%s \t预测值:%s" % ((i+1), labels[y_predict[i]], labels
[y_test[i]]))
print("准确率:", tree.score(x_test, y_test))
```

代码同KNN算法和朴素贝叶斯的代码大体上相同,不同的地方在于实例化算法模型的时候实例化的是DecisionTreeClassifier决策树分类模型,然后继续使用fit方法实现训练器数据拟合分类器模型,使用predict()方法实现对测试数据的预测。最后遍历for循环,输出鸢尾花数据测试集中的测试数据与真实值的对比值,得出预测的正确率。代码运行结果如图9.16所示。

图9.16　sklearn实现鸢尾花数据的决策树分类运行结果

从输出结果中可以看出准确率为97%。

从3种分类方法可以看出,不同的分类模型会出现不同的准确率,对于智能驾驶的分类算法也是一样的,不同的模型对机器学习的效果不同,训练和测试出的环境识别结果也不尽相同。这也说明在实际的研究中,只有把各种方法综合起来考虑,才能不断提升环境识别中的准确率。

9.5　本章小结

本章主要介绍了无人驾驶的相关技术。无人驾驶技术是一个综合了多个学科的应用领域,涉及自动化控制、机器学习、机器视觉、移动通信、智能交通等。正是由于无人驾驶的这种综合性,无人驾驶技术的研究正处在不断发展的道路上。在实战阶段,主要立足于环境识别中的分类算法,对机器学习最基本的分类算法进行初步的认识,并且结合sklearn模块实现相关的算法。

近年来,随着机器学习和强化学习理论的发展,众多研究领域和产业都在进行一场人工智能的变革。无人驾驶技术深受深度学习和计算机视觉发展的影响,正在向产业化不断迈进,研究的深度理论也日趋成熟。

第10章

区块链协同大数据

图 10.1　实名制账户被盗刷

目前，网络大多采用实名制，政府数据开放也是大势所趋，会对整个经济社会的发展产生不可估量的推动力。然而，数据开放的主要难点和挑战是如何在保护个人隐私的情况下开放数据。

图 10.1 为某个实名制账户由于信息泄露造成账户被盗刷。

10.1　关于对区块链的认知

区块链由两个词组成,一个是"区块",另一个是"链",说得通俗一点,就是一链子的区块,只要不掉链子,这些区块就会串联到一起。

举个生活中的例子,用方块代表不同水果的批发地点,每个批发地点可批发不同的水果,这几个批发地点的水果形成的链条如图10.2所示。

图中有3个水果批发地点,果贩可以从这些链条中找到水果的批发地点,这里使用了叫作哈希的东西来标记每一个水果批发地点。一串哈希就是一串字符,相当于生活中的水果批发地点的名称,如图10.3所示。

图 10.2　水果批发地点形成的链条　　　　图 10.3　水果批发地点形成的哈希值地点链条

图10.3中标注的"Hash:ABCDE""Hash:FGHIJ""Hash:KMLMN"就是每个水果批发地点的哈希值,可以理解成"城西水果批发市场""城南水果批发市场""城北水果批发市场"。把这些水果批发地点用"链"的形式组织起来。为了保证每个链的链接关系,在后面链的节点中标注前面一个链的哈希节点值,如图10.4所示。

形成这样的结构后,如果有人擅自篡改了第一个水果批发方框,加入了另一种水果,就会形成新的哈希值,但是,与之相连的后面水果批发方框记录的前一个哈希值并没有变化,这样,由于记录哈希值的不匹配就会使原有的链条被打断,如图10.5所示。

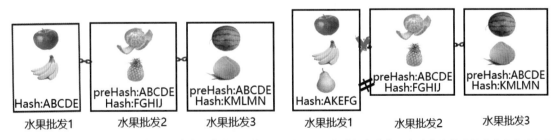

图10.4　水果批发地点形成的哈希值后续地点链条　　图10.5　水果批发地点形成的哈希值后续地点链条被打断

从图10.5中可以看出,这种结构保护了整个水果批发方框,如果把这个水果批发框换成每个人的一本记账本,那么就有助于保护整个账本的数据不被破坏。区块链正是一个类似于这种结构的分布式记账本。

区块链是一种公共记账的技术方案,它的基本思想可以这样概括:通过建立一个公共账本,由账本链中所有参与的用户共同在账本上记账与核账,每个人都有一样的账本,所有的数据都是公开透明的,并不需要一个中心服务器作为信任中介,在技术层面就能保证信息的真实性、不可篡改性,也就是可信性。不过,前面通过水果批发地点的链说明了记账的不可修改性,但个人记账是自己的事,如果不记账,就发生了断链,也就相当于不在记账的行列。在记账过程中,修改了链中一个节点方块的内容,然后把后面接续方块的哈希也一并更新,也就完成了个人记账,使记账没有离开这个链。需要强调的是,这个修改不是随意发生的,需要一定的规则,下面就揭开区块链的神秘面纱。

10.2 区块链的原理

通过前面的论述可以知道,区块链就是一个分布式的账本。在记账过程中,每个节点都可以在总体的账本中显示,还可以维护整体的总账,正常情况下不能篡改账本,只有在特定条件下才能篡改账本。发生篡改的条件是你控制了超过51%的节点。

结合自己家的财务管理,相当于你在记账,你爸爸也在记账,你妈妈也在记账,你们都能看到总账,你不能改,爸爸妈妈也不能改,习惯于买烟抽、买酒喝的爸爸和贪吃贪玩的你,在这样的明账面前都没办法乱花钱了。

从这种链式结构上是看不到中心服务器的,如果每个区块的数据体现出来的是交易的内容,那就是网络交易的平台,区块链正是朝着这种方向发展。区块链本质上是一个去中心化的分布式版本,其本身是一系列使用密码学而产生的相关联的数据块,每一个数据块中包含了多条网络交易且有效确认的信息。

区块链首先是一个去中心化的分布式账本,"中心化"是其中的一个关键词。那什么是所谓的"中心化"呢? 这里通过淘宝的网上购物流程来说明。

一般从网络上购物需要把浏览到的满意商品加入购物车中,然后一键生成订单,下单后不是把钱直接打到卖家的账户中,而是打到支付宝的中间账户中。支付宝收款后通知卖家可以发货了,卖家收到了发货的通知后通过物流为客户发货,客户收到商品后可以确认收货,对收到的商品也可以通过评价来表达满意的程度。与此同时,支付宝收到买家的通知把账户上的钱打给卖家,完成了购物的流程,如图10.6所示。

图10.6　买家与卖家的交易流程

从图10.6中可以看出,在这个过程中整个交易都是围绕支付宝展开的,支付宝成为这个过程中的

"中心化"。去中心化的区块链是看不到这个中心的。结合到交易中,区块链这个系统不需要银行,也不需要支付宝。分布式结构中的每个人没有中心化,就全部都需要记账。为了说明去中心化的区块链是如何运作的,这里把它理解成一个有村头大喇叭的区块链村子。村子中的A村民挣了10元钱以后,就用村头大喇叭喊道:"我是村民A,我的账户里有10元钱",此时村子里的所有人听到消息后,拿出了手中的小账本默默记下:"某年某月的某一天,村民A挣了10元钱"。当村民A的账户发生了变化,也会这样处理。如村民A花了8元钱买了村民C的一些商品,又借给了村民B 2元钱,这里面涉及的人有村民A、村民B和村民C,他们都要一起喊,村民A借用村头大喇叭喊道:"我是村民A,我花掉了挣的10元钱,2元钱借给了村民B,8元钱买了村民C的商品",村民B也借用村头大喇叭喊道:"我是村民B,村民A借给我2元钱",村民C同样借用村头大喇叭喊道:"我是村民C,村民A花8元钱买了我的商品"。村子里的所有人听到信息后,还是拿出手中的小账本默默记下:"某年某月的某一天,村民A挣的10元钱,花掉8元买了村民C的商品,把2元钱借给了村民B"。如此这般记下相关的信息,假如有一天,村民A突然说:"村民C抢了我的8元钱",B又不认账地说:"村民A向我要2元钱,我没有欠他钱"。这个时候,全村的村民都会站起来说:"不对,我们的账本里明明记录着在某年某月的某一天,村民B借了村民A的2元钱,一直没有偿还记录。"这就是通俗的记账过程。

把通俗的村民记账问题扩展到区块链的工作原理,A与B之间发起一笔交易,A先发起请求,根据A的请求需要创建一个新的区块,这个区块就会被广播给网络里的所有用户,所有用户验证同意后,该区块就会被添加到区块链的主链上。这条新形成的区块链就会拥有永久和透明可查的交易记录,区块链中所有的单一节点都无法篡改这本账,如果想篡改一条记录,需要同时控制整个网络中超过51%的节点或计算能力才可以。

在区块链交易的过程中,交易的数据都是以比特币的形式存在的。

比特币是一种数字货币。比特来自计算机的二进制单位bit,例如,1个bit可以表示0或1两种状态;2个bit可以表示00/01/10/11四种状态。在区块链中引入比特币的意义在于,其可以充当一般等价物。

比特币在区块链的比特币网络系统中,交易步骤如下。

(1)如果比特币发生一笔新的交易,会向全网进行广播。

(2)区块链中的每一个节点收到交易信息后,会将其纳入一个区块中。

(3)区块链中的每个节点都在自己的区块中找到一个具有足够难度的工作量证明。

(4)当区块链中任意一个节点找到了一个工作量证明时,它就会向全网进行广播。

(5)包含在该区块中的所有交易必须是之前历史记录中未存在过的而且是有效的,其他节点最终才会认同该区块的有效性。

(6)认同有效性就表示他们接受该区块,接受的方法跟随在该区块的末尾,制造新的区块以延长该链条,并将该区块的随机散列值视为新区块的随机散列值。

也就是说,交易发生的时候,比特币的交易数据就已经盖上了一个时间戳,当这笔交易数据被打包到一个区块中后,就算完成了一次确认,在经过连续6次确认之后,这笔交易就不可逆转了。

10.3 区块链的相关概念

对区块链的工作原理了解之后,下面再来了解相关的区块、哈希算法、公钥私钥、时间戳等概念。

10.3.1 区块

区块作为区块链的基本结构单元,由包含元数据的区块头和包含交易数据的区块主体构成。

区块头包含以下三组元数据。

第一组元数据用于连接前面的区块、索引自父区块哈希值的数据。

第二组元数据体现了挖矿难度、随机值(用于工作量证明计算)及时间戳。

第三组元数据能够总结并快速归纳校验区块中的所有交易数据的Merkle树根数据。Merkle树又名梅克尔树,看起来非常像二叉树,其叶子节点上的值通常为数据块的哈希值,所以有时候Merkle Tree也表示为Hash Tree,如图10.7所示。

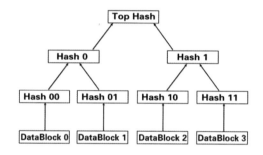

图10.7 梅克尔树表示为Hash Tree

区块链系统大约每10分钟会创建一个区块,其中包含了这段时间全网范围内发生的所有交易。

10.3.2 哈希算法

哈希算法是区块链中保证交易信息不被篡改的单向密码机制。哈希算法接收一段明文后,会以一种不可逆的方式将其转化为一段长度较短、位数固定的散列数据,加密过程不可逆意味着无法通过输出的散列数据再倒推出原本的明文。

在区块链中,通常使用SHA-256进行区块加密,这种算法叫安全散列算法,其输入的长度是256位,输出的是一串长度为32字节的随机散列数据。区块链中每一区块的哈希值能够唯一且准确地标识一个区块,计算出的哈希值没有变化也就意味着区块中的信息没有被篡改。

10.3.3 公钥和私钥

在区块链中,使用公钥和私钥的目的是标识身份。这里仍然以虚拟村来举例,村里有狼人和平民,每个人都有自己的身份牌,狼人根据自己的身份牌规则参与到虚拟的村子中,夜里行使杀害平民的任务,平民根据线索在白天公判狼人的身份。这里狼人的身份牌就是私钥,平民白天的推举行为可以叫公钥。私钥相当于狼人自己的签名,公钥相当于平民对狼人的验证,如图10.8所示。

图10.8　虚拟村区块链狼人杀

现在,把逻辑结合到村中的交易。村里有村民A和村民B,村民A想向村民B借钱,那么村民A只需要使用私钥对借据进行签名并发送给村民B,相当于村民A在借据上签上了自己的名字,证明确定是自己借的钱。村民B使用村民A的公钥对文件进行签名验证,如果验证成功,那么就证明这个借据一定是村民A用私钥加密过的,并且也认同过的。由于村民A的私钥只有村民A才能持有,那么,就可以验证村民A确实是村民A,借据才会有凭证。

综上所述,公钥就是给大家用的,可以通过电子邮件发布或通过网站让别人下载,用来加密或验章。私钥是自己的,私有的,相当于个人的名章,需要加上个人的密码来保护,用来解密或签章,由个人拥有。

在比特币的整个系统中,私钥本质上是由32个字节组成的数组,公钥和地址的生成也依赖于私钥,有了私钥就能生成公钥和地址,就可以花费对应地址上面的比特币。

10.3.4　时间戳

区块链的时间戳从区块产生的那个时刻就已经具备了,对应的是每一次比特币交易中的记录认证,验证了交易记录的一种真实性。

时间戳会被直接写入区块链中,每一个时间戳会将前一个时间戳也纳入其随机哈希值中,这一过程不断重复,依次相连,最后会生成一个完整的链条。

10.4　大数据产业的理解

前面提到的区块链技术是一种特定的数据持久化技术。数据持久化使数据量逐渐增大,也带动了存储的快增长,大数据技术提供了弹性扩张存储容量。

大数据是以数据为中心的一种产业,是围绕大数据生命周期不断往复循环的生产过程,也是由多种行业生产和协同配合而产生的一个复合性极高的行业。

大数据产业在生产流程上可以按照数据生命周期的传导和演变分为几个部分:数据采集、数据存储、数据建模和数据分析。

从演变的角度来看,数据首先需要通过各种软件进行收集,接下来通过网络进行传输,通过数据中心进行存储,通过数据专家进行建模和加工,最后通过数据分析得到一种有价值的知识,是一种通过数据探索世界事物规律的能力,它能使大量孤立的数据像演员一样同时出现在一个舞台上,将看起来不相关的事情通过观察和分析发现背后的联系。说到这里,有没有感觉像武侠小说《鹿鼎记》中隐秘的"藏宝图"一样,采集每一本《四十二章经》,找到存储大清命脉宝藏地图的碎块地图,组合建模形成一张完整的羊皮地图,还得通过分析才能得到藏宝的地点是"鹿鼎山",最后在鹿鼎山发现大清命脉的宝藏。不管宝藏是真是假,这个发现宝藏的过程关键词"采集""存储""建模""分析""发现"构成了大数据演变的关键词,而各行各业中的规律和因果关系恰恰就像一个"宝藏"一样有待去发现。

下面就阐述一下大数据演变过程中的每一个部分。

10.4.1　数据采集

数据采集在业务生产库中是非常重要的,只有数据慢慢积累才能成为大数据,数据仓库里的采集方式主要有以下两种。

(1)数据快照。通过每天、每周、每月定期以数据快照的方式把数据的状态复制下来放入相应的位置,这个位置就是大数据的数据中心所采用的数据容器,如 Hive、Oracle 或其他专业的数据仓库。

(2)流式的数据导入,可以使用一些工具来处理这样的问题。

10.4.2　数据存储

数据采集后就要进行持久化存储,数据存储是数据采集后的重要步骤。当数据收集到数据中心时,可以考虑使用数据库,如 Oracle,不过当数据量达到大数据的程序和水平时,最好使用 HDFS 分布式存储的方式对数据进行存储。HDFS 和 Ceph 这两种框架在业界已经有了很长时间的应用,社区活跃,方案成熟稳定。

10.4.3　数据建模

数据建模是指数据关系的梳理,并根据数据建立一定的数据计算方法和数据指标。对于数据建模,可以使用 SQL 语言实现存储容器中数据的筛选和洗涤,而数据存储的容器如果是其他的异构容器,如 HBase 或 MongoDB 等,就只能使用这些容器自己的 Shell 去操作。

在数据建模环节中有一个重要的操作是数据清洗,其核心思想是将数据中那些由于误传、漏传等原因产生的数据失真部分排除在外。此外,原始数据从非格式化变成格式化的"整形"过程也是数据清洗的操作环节。数据经过清洗后可以使后面的数据存储、建模等环节处理起来成本更低一些。

10.4.4　数据分析

数据分析包含两方面的含义：一方面是在数据之间寻求因果关系或影响，另一方面是对数据的呈现做适当意义的解读。

这两个方面前者偏重数据挖掘、试错和反复对比；后者偏重业务逻辑、行业情景等。数据分析的工具在市面上有不少，有开源的，也有收费的，目前收费的软件里比较好的有 IBM 的 SPSS、SAP 的 BW/BO 等。

10.5　大数据框架介绍

大数据解决的就是单机无法处理的数据。无论是存储数据还是计算数据，都可以用大数据框架来解决。框架是一个在计算机领域常用的词汇，对于学习 Java 的人来讲，Spring 就是一个框架，对于学习 Python 的人来讲，Django 就是一个框架。

对于大数据而言，框架一般分为两类，即大数据计算框架和大数据存储框架。大数据计算框架按照执行方式又分成两类：一类是执行一次就结束的，对计算时间要求不高的离线计算框架；另一类是对处理时间有严格要求的实时计算框架。离线计算框架最经典的就是 Hadoop 的 MapReduce 方式；而实时计算框架是要求立即返回计算结果的，要快速响应请求，如 Storm、Spark Streaming 等框架。

10.5.1　Hadoop 框架

Hadoop 又称 Hadoop 生态圈，它除了有计算和存储功能以外，还提供了相当多的组件来完成大数据方面的各项工作，如图 10.9 所示为 Hadoop 1.0 环境的生态圈。

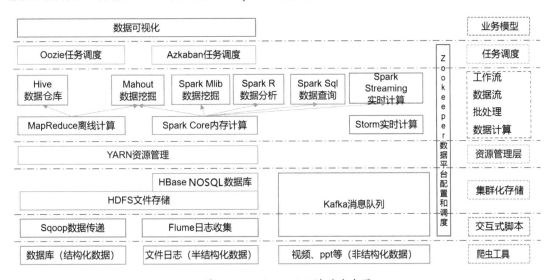

图 10.9　Hadoop 1.0 环境的生态圈

在Hadoop 1.0环境的生态圈中,由底部向上Sqoop数据传递和Flume日志收集组成数据传输层;Kafka消息队列和HDFS文件存储组成数据存储层;YARN资源管理组成资源管理层;MapReduce离线计算、Spark Core内存计算和Storm实时计算,以及关联的数据查询、数据挖掘、数据分析、实时计算共同组成数据计算层。Hadoop是这个生态圈中最核心的框架,主要分为以下四部分。

(1)Hadoop Common:这是Hadoop的核心功能,是对其他Hadoop模块的支撑,里面包含了大量的对底层文件、网络的访问,以及对象的序列化、反序列化的操作支持等相关操作。

(2)Hadoop Distributed File System(HDFS):Hadoop分布式文件系统,用于存储大量的数据。

(3)Hadoop YARN:一个任务调度和资源管理的框架。

(4)Hadoop MapReduce:基于YARN的并行大数据处理组件。

Hadoop也有版本上的区别,尤其表现在MapReduce的运行上,Hadoop 1.0环境中的MapReduce是直接运行的;Hadoop 2.0环境中的MapReduce依赖于YARN框架,在YARN框架启动后,MapReduce在需要运行的时候把任务提交给YARN框架,让YARN框架来分配资源择机运行,如图10.10所示。

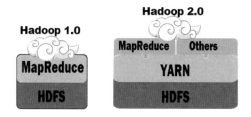

图10.10　Hadoop 1.0与Hadoop 2.0的区别

这里先从Hadoop的环境搭建说起。

10.5.2　Hadoop环境搭建

Hadoop运行在Linux系统上,虽然借助工具也可以运行在Windows上,但建议还是运行在Linux系统上,这里首先介绍Linux环境的安装、配置,Java JDK安装等。

首先是Linux环境虚拟机的设置,这里使用Vmware虚拟机安装Linux。首先需要把Vmware虚拟机与主机设置成NAT模式配置。NAT是网络地址转换,是在宿主机和虚拟机之间增加一个地址转换服务,负责外部和虚拟机之间的通信转接和IP转换。

(1)Vmware安装好后,默认的NAT设置如图10.11所示。

(2)默认的设置是启动DHCP服务的,NAT会自动给虚拟机分配IP,需要将各个机器的IP固定下来,所以要取消这个默认设置。

(3)为机器设置一个子网网段,默认是192.168.136网段,这里设置为100网段,将来各个虚拟机的IP就为192.168.100.*。

(4)NAT设置按钮,打开对话框,可以修改网关地址和DNS地址。如图10.12所示为NAT设置后指定的DNS地址。

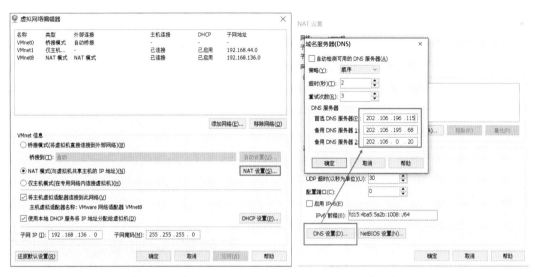

图 10.11　Vmware 虚拟机的默认 NAT 设置　　图 10.12　Vmware 虚拟机点开 NAT 参数后的 DNS 设置

（5）网关地址为当前网段里的 .2 地址，这里是固定的，不做修改，先记住网关地址，后面会用到。

其次是在虚拟机中的 Linux 环境安装。

（1）在文件菜单选择新建虚拟机。

（2）选择经典类型安装。

（3）选择稍后安装操作系统。

（4）选择 Linux 系统，版本选择 CentOS 64 位，如图 10.13 所示。

（5）给虚拟机起个名字，将来显示在 Vmware 左侧，并选择 Linux 系统保存在宿主机的哪个目录下，一个虚拟机应该保存在一个目录下，不能多个虚拟机使用一个目录，如图 10.14 所示。

图 10.13　Vmware 虚拟机的 Linux 版本选择

图 10.14　Vmware 虚拟机的 Linux 安装位置设置

（6）指定磁盘容量，是指定分给 Linux 虚拟机多大的硬盘，默认 20G 就可以。

（7）单击自定义硬件，可以查看、修改虚拟机的硬件配置，这里我们不做修改。

（8）单击完成后，就创建了一个虚拟机，但是此时的虚拟机还是一个空壳，没有操作系统，接下来安装操作系统。

（9）单击编辑虚拟机设置，找到DVD，指定操作系统ISO映像文件所在的位置，如图10.15所示。

（10）单击开启此虚拟机，选择第一个回车开始安装操作系统，如图10.16所示。

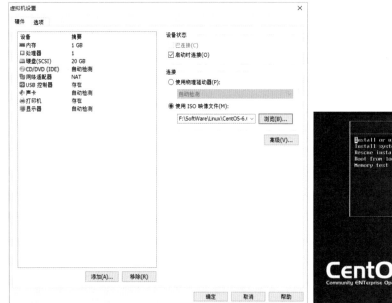 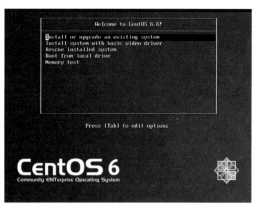

图10.15　Vmware虚拟机的Linux安装光盘映像设置　　图10.16　Vmware虚拟机的CentOS 6安装启动界面

（11）设置root密码，如图10.17所示。

图10.17　Vmware虚拟机的CentOS 6安装过程root密码设置

（12）选择Desktop，这样就会装一个Xwindow，如图10.18所示。

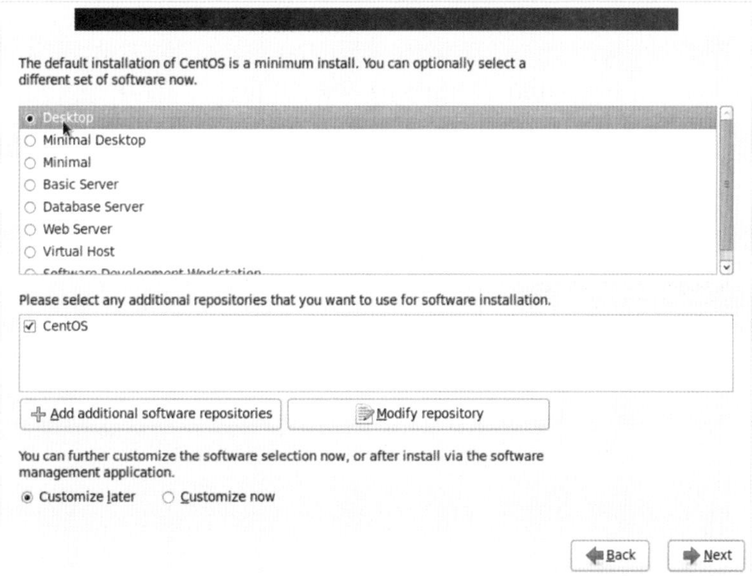

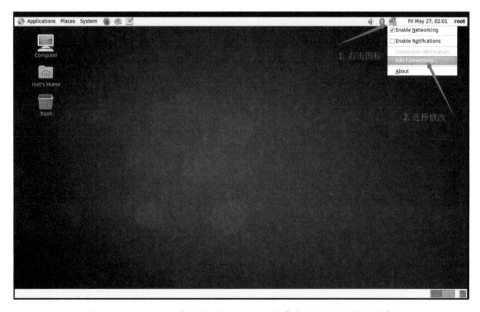

图10.18　Vmware虚拟机的CentOS 6安装过程启动界面的选择

（13）先不添加普通用户，其他用默认的，就把Linux安装完毕了。

Linux安装成功后，需要对网络进行设置。

因为Vmware的NAT设置中关闭了DHCP自动分配IP功能，所以Linux还没有IP，需要设置网络的各个参数。

（1）用root进入Xwindow，右击右上角的网络连接图标，选择修改连接，如图10.19所示。

图10.19　Vmware虚拟机的CentOS 6安装成功后网络连接选择

（2）网络连接里列出了当前 Linux 里所有的网卡，这里只有一个网卡 System eth0，单击编辑，如图 10.20 所示。

（3）配置 IP、子网掩码、网关（和 NAT 设置的一样）、DNS 等参数，因为 NAT 里设置网段为 100.*，所以这台机器可以设置为 192.168.100.10，网关和 NAT 一致，为 192.168.100.2，如图 10.21 所示。

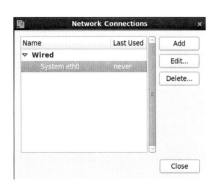

图 10.20　Vmware 虚拟机的 CentOS 6
安装成功后网络连接设置

图 10.21　Vmware 虚拟机的 CentOS 6
安装成功后网络 NAT 设置

（4）用 ping 来检查是否可以连接外网，如图 10.22 所示，已经连接成功。

图 10.22　Vmware 虚拟机的 CentOS 6 中 ping 外网连接成功

网络设置结束后，需要修改 hostname。

临时修改 hostname 需要在 Linux 下使用如下指令，如图 10.23 所示。

```
[root@localhost Desktop]# hostname mylinux-virtual-machine
```

图 10.23　CentOS 6 中 hostname 的临时修改

永久修改 hostname，需要修改配置文件/etc/sysconfig/network，如图 10.24 所示。

```
[root@mylinux-virtual-machine ~] vi /etc/sysconfig/network
```

图 10.24　CentOS 6 中 network 设置的修改指令

打开文件后,进行如下设置,如图 10.25 所示。

```
NETWORKING=yes   #使用网络
HOSTNAME=mylinux-virtual-machine   #设置主机名
```

图 10.25　CentOS 6 中 network 文件的修改设置

接下来需要关闭 Linux 防火墙,在学习环境可以直接把防火墙关闭。

用 root 用户登录后,执行查看防火墙状态,如图 10.26 所示。

```
[root@mylinux-virtual-machine]#service iptables status
```

图 10.26　CentOS 6 中查看防火墙状态

有的版本默认的防火墙是 firewall 或 ufw。

关闭防火墙可以使用临时关闭,命令如图 10.27 所示。

```
[root@mylinux-virtual-machine]# service iptables stop
```

图 10.27　CentOS 6 中防火墙的临时关闭命令

还可以永久性关闭防火墙,命令如图 10.28 所示。

```
[root@mylinux-virtual-machine]# chkconfig iptables off
```

图 10.28　CentOS 6 中防火墙的永久性关闭命令

关闭防火墙,这种设置需要重启才能生效。

接下来需要操作 selinux。selinux 是 Linux 一个子安全机制,学习环境可以将它禁用。

禁用 selinux 可以对/etc/sysconfig/selinux 文件进行编辑,打开配置文件/etc/sysconfig/selinux 的命令如图 10.29 所示。

```
[hadoop@mylinux-virtual-machine]$ vim /etc/sysconfig/selinux
```

图 10.29　CentOS 6 中 selinux 设置的编辑命令

在/etc/sysconfig/selinux 文件中将 selinux 设置为 disabled,具体内容如图 10.30 所示。

```
# This file controls the state of SELinux on the system.
# SELINUX= can take one of these three values:
#     enforcing - SELinux security policy is enforced.
#     permissive - SELinux prints warnings instead of enforcing.
#     disabled - No SELinux policy is loaded.
SELINUX=disabled
# SELINUXTYPE= can take one of these two values:
#     targeted - Targeted processes are protected,
#     mls - Multi Level Security protection.
SELINUXTYPE=targeted
```

图 10.30　CentOS 6 中 selinux 设置的文件内容

紧接着，Linux 中需要安装 Java 运行环境的 JDK。这是因为 Hadoop 底层是用 Java 实现的，这就需要查看环境中是否已经安装了 Java。

查看是否已经安装了 Java JDK，可以在 Linux 下执行命令，如图 10.31 所示。

```
[root@mylinux-virtual-machine /]# java -version
```

图 10.31　CentOS 中 Java 版本的查看

注意：Hadoop 机器上的 JDK，最好是 Oracle 的 Java JDK，不然会有一些问题，比如可能没有 JPS 命令。

如果安装了其他版本的 JDK，卸载掉。

下载 Oracle 版本的 Java JDK，最好是 8.0 以上的版本，可以访问 Oracle 官方网站，如图 10.32 所示。

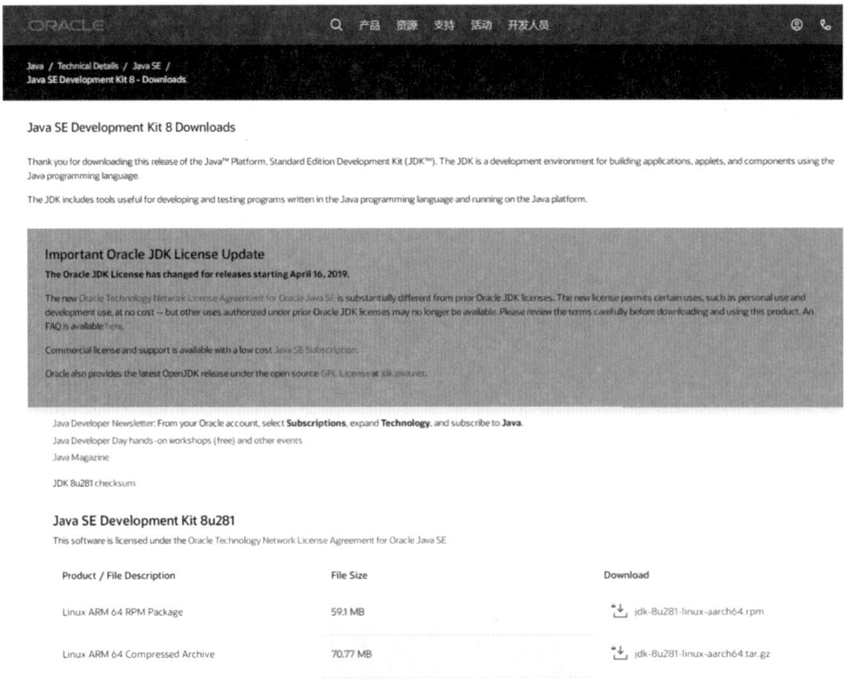

图 10.32　Oracle 官方网站首页

如图 10.32 所示用户可以下载 gz 格式的压缩包,在 Linux 下进行解压。例如解压到/usr/java 目录下,usr 目录是 Linux 系统本身就有的,java 目录可以自行在 usr 目录下创建。Linux 下解压下载的包到 usr 中 java 目录下的命令如图 10.33 所示。

```
[root@mylinux-virtual-machine /]# tar -zxvf jdk-8u281-linux-x64.tar.gz -C /usr/java
```

图 10.33　Linux 环境中 tar 命令解压 java jdk 包

接下来,添加环境变量。

设置 JDK 的环境变量 JAVA_HOME。需要修改配置文件/etc/profile,在 Linux 中的修改命令如图 10.34 所示。

```
[root@mylinux-virtual-machine hadoop]#vi /etc/profile
```

图 10.34　Linux 环境中 vi 编辑配置文件命令

进入文件后,在文件末尾追加如图 10.35 所示的内容。

```
export JAVA_HOME="/usr/java/jdk1.8.0_281"
export PATH=$JAVA_HOME/bin:$PATH
```

图 10.35　Linux 环境中 profile 文件末尾追加的内容

修改完毕后,执行 source /etc/profile。

安装后再次执行 java-version,可以看见安装已经完成,如图 10.36 所示。

```
[root@mylinux-virtual-machine /]# java -version
java version "1.7.0_67"
Java(TM) SE Runtime Environment (build 1.7.0_67-b01)
Java HotSpot(TM) 64-Bit Server VM (build 24.65-b04, mixed mode)
```

图 10.36　java-version 查看 Java 版本信息

下面是 Linux 中 Hadoop 本地模式的安装。

Hadoop 部署模式有:本地模式、伪分布式模式、完全分布式模式、HA 完全分布式本地模式。

区分的依据是 NameNode、DataNode、ResourceManager、NodeManager 等模块运行在几个 JVM 进程、几个机器中,见表 10.1。

表 10.1　Hadoop 部署模式的进程数和机器数

模式名称	各个模块占用的 JVM 进程数	各个模块运行在几个机器上
本地模式	1个	1个
伪分布式模式	N个	1个
完全分布式模式	N个	N个
HA完全分布式本地模式	N个	N个

本地模式是最简单的模式,所有模块都运行在一个JVM进程中,使用的是本地文件系统,而不是HDFS,本地模式主要是用于本地开发过程中的运行调试。下载Hadoop安装包后不用进行任何设置,默认就是本地模式。

Hadoop安装包可以从官方网站下载,如图10.37所示。

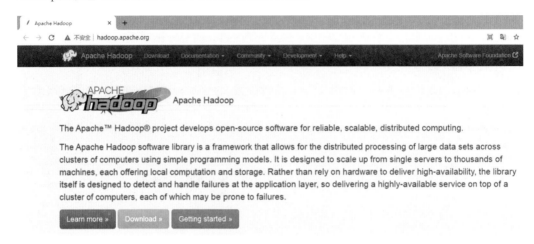

图 10.37　Hadoop 官方网站

在官方网站中单击"Download"下载按钮。根据需求选取适当的版本下载,下载后在Linux环境下进行压缩包的解压。Linux命令如图10.38所示。

```
[hadoop@mylinux-virtual-machine hadoop]# tar -zxvf  hadoop-2.7.0.tar.gz -C /usr/hadoop
```

图 10.38　Hadoop 压缩包的 tar 解压命令

解压后,配置Hadoop环境变量,Linux下修改/etc/profile的命令如图10.39所示。

```
[hadoop@mylinux-virtual-machine hadoop]# vi /etc/profile
```

图 10.39　Linux 环境中 etc 配置文件的编辑命令

对profile文件追加配置信息,如图10.40所示。

```
export HADOOP_HOME="/opt/modules/hadoop-2.5.0"
export PATH=$HADOOP_HOME/bin:$HADOOP_HOME/sbin:$PATH
```

图 10.40　Linux 环境中 etc 配置文件中 Hadoop 的配置信息

执行source/etc/profile,使配置生效。

接下来,进入解压目录下的etc/hadoop目录,对5个文件进行设置。

第一步设置hadoop-env.sh文件,修改配置信息中的JAVA_HOME,参数如图10.41所示。

```
export JAVA_HOME="/usr/java/jdk1.8.0_281"
```

图 10.41　hadoop-env.sh 中 JAVA_HOME 参数的设置

第二步修改配置 core-site.xml 的文件，修改内容如图 10.42 所示。

```
<configuration>
    <property>
        <name>fs.defaultFS</name>
        <value>hdfs://mylinux-virtual-machine:9000</value>
    </property>
    <property>
        <name>hadoop.tmp.dir</name>
        <value>/opt/data/tmp</value>
    </property>
</configuration>
```

图 10.42　core-site.xml 中配置的内容

fs.defaultFS 参数配置的是 HDFS 的地址，hadoop.tmp.dir 配置的是 Hadoop 的临时目录。

第三步修改配置 hdfs-site.xml 的文件，修改内容如图 10.43 所示。

```
<configuration>
    <property>
        <name>dfs.replication</name>
        <value>1</value>
    </property>
</configuration>
```

图 10.43　hdfs-site.xml 中配置的内容

dfs.replication 配置的是 HDFS 存储时的备份数量，因为这里是伪分布式环境，只有一个节点，所以设置为 1。

第四步配置 mapred-site.xml。

默认没有 mapred-site.xml 文件，但是有个 mapred-site.xml.template 配置模板文件。复制模板生成 mapred-site.xml，复制命令如图 10.44 所示。

```
[hadoop@mylinux-virtual-machine hadoop]#cp etc/hadoop/mapred-site.xml.template etc/hadoop/mapred-site.xml
```

图 10.44　mapred-site.xml 配置文件的复制命令

在 mapred-site.xml 中添加配置，如图 10.45 所示。

```
<property>
    <name>mapreduce.framework.name</name>
    <value>yarn</value>
</property>
```

图 10.45　mapred-site.xml 中配置的内容

该项配置用于指定 mapreduce 运行在 YARN 框架上。

第五步配置 yarn-site.xml。

在 yarn-site.xml 中添加配置信息,如图 10.46 所示。

```
<configuration>
    <property>
        <name>yarn.nodemanager.aux-services</name>
        <value>mapreduce_shuffle</value>
    </property>
    <property>
        <name>yarn.resourcemanager.hostname</name>
        <value>mylinux-virtual-machine</value>
    </property>
</configuration>
```

图 10.46　yarn-site.xml 中配置的内容

yarn.nodemanager.aux-services 配置了 yarn 的默认混洗方式,选择为 mapreduce 的默认混洗算法。

yarn.resourcemanager.hostname 指定了 Resourcemanager 运行在哪个节点上。

这五步的配置文件信息配置成功后,进行格式化 HDFS。在 Linux 系统中格式化 HDFS 的指令如图 10.47 所示。

```
hdfs    namenode  -format
```

图 10.47　Hadoop 格式化 HDFS 的指令

执行命令后,在服务启动中会出现三次输入密码的操作。执行结束后,使用 jps 显示进程信息,如图 10.48 所示。

```
[[ root@myhadoop /] # hdfs namenode - format
22/06/06 11:20:22 INFO namenode.NameNode: STARTUP_MSG:
/**************************************************
STARTUP_MSG: Starting NameNode
STARTUP_MSG:    host = myhadoop/192.168.110.151
STARTUP_MSG:    args = [- format]
STARTUP_MSG:    version = 2.7.1
STARTUP_MSG:    classpath = /usr/hadoop/hadoop- 2.7.1/etc/hadoop: /usr/hadoop/hadoo
p- 2.7.1/share/hadoop/common/lib/activation- 1.1.jar: /usr/hadoop/hadoop- 2.7.1/shar
e/hadoop/common/lib/apacheds- i18n- 2.0.0- M15.jar: /usr/hadoop/hadoop- 2.7.1/share/h
adoop/common/lib/apacheds- kerberos- codec- 2.0.0- M15.jar: /usr/hadoop/hadoop- 2.7.1/
share/hadoop/common/lib/api- asn1- api- 1.0.0- M20.jar: /usr/hadoop/hadoop- 2.7.1/shar
e/hadoop/common/lib/api- util- 1.0.0- M20.jar: /usr/hadoop/hadoop- 2.7.1/share/hadoop
/common/lib/asm- 3.2.jar: /usr/hadoop/hadoop- 2.7.1/share/hadoop/common/lib/avro- 1.
7.4.jar: /usr/hadoop/hadoop- 2.7.1/share/hadoop/common/lib/commons- beanutils- 1.7.0
.jar: /usr/hadoop/hadoop- 2.7.1/share/hadoop/common/lib/commons- beanutils- core- 1.8
.0.jar: /usr/hadoop/hadoop- 2.7.1/share/hadoop/common/lib/commons- cli- 1.2.jar: /usr
/hadoop/hadoop- 2.7.1/share/hadoop/common/lib/commons- codec- 1.4.jar: /usr/hadoop/h
adoop- 2.7.1/share/hadoop/common/lib/commons- collections- 3.2.1.jar: /usr/hadoop/ha
doop- 2.7.1/share/hadoop/common/lib/commons- compress- 1.4.1.jar: /usr/hadoop/hadoop
- 2.7.1/share/hadoop/common/lib/commons- configuration- 1.6.jar: /usr/hadoop/hadoop-
2.7.1/share/hadoop/common/lib/commons- digester- 1.8.jar: /usr/hadoop/hadoop- 2.7.1/
share/hadoop/common/lib/commons- httpclient- 3.1.jar: /usr/hadoop/hadoop- 2.7.1/shar
e/hadoop/common/lib/commons- io- 2.4.jar: /usr/hadoop/hadoop- 2.7.1/share/hadoop/com
mon/lib/commons- lang- 2.6.jar: /usr/hadoop/hadoop- 2.7.1/share/hadoop/common/lib/co
mmons- logging- 1.1.3.jar: /usr/hadoop/hadoop- 2.7.1/share/hadoop/common/lib/commons
- math3- 3.1.1.jar: /usr/hadoop/hadoop- 2.7.1/share/hadoop/common/lib/commons- net- 3.
```

图 10.48 Hadoop 格式化成功的进程信息

在这段信息中如果你找到了"has Successful"的信息,就证明 Hadoop 的格式化已经成功了。

格式化是对 HDFS 这个分布式文件系统中的 DataNode 进行分块,统计所有分块后的初始元数据存储在 NameNode 中。

格式化后,查看 core-site.xml 里 hadoop.tmp.dir(本例是/opt/data 目录)指定的目录下是否有了 dfs 目录,如果有,说明格式化成功。

启动 Hadoop 平台,可以先启动 HDFS。命令的执行路径在解压的 hadoop 路径中的/sbin 目录下,具体启动方法在 Linux 执行,启动指令如图 10.49 所示。

```
[[ root@myhadoop sbin] # ./start- dfs.sh
```

图 10.49 Hadoop 中 HDFS 的启动指令

执行结果如图 10.50 所示。

```
[ root@myhadooppc sbin] # ./start- dfs.sh
Starting namenodes on [ myhadooppc]
root@myhadooppc's password:
myhadooppc: starting namenode, logging to /usr/hadoop/hadoop- 2.7.1/logs/hadoop- root- namenode- myhadooppc.out
root@localhost's password:
localhost: starting datanode, logging to /usr/hadoop/hadoop- 2.7.1/logs/hadoop- root- datanode- myhadooppc.out
Starting secondary namenodes [0.0.0.0]
root@0.0.0.0's password:
0.0.0.0: starting secondarynamenode, logging to /usr/hadoop/hadoop- 2.7.1/logs/hadoop- root- secondarynamenode- myhadooppc.out
```

图 10.50 Hadoop 中 HDFS 的启动执行结果

启动 HDFS 后,可以使用 jps 查看进程,如图 10.51 所示。

```
[root@myhadooppc sbin] # jps
4195 SecondaryNameNode
3958 NameNode
4814 Jps
4063 DataNode
[root@myhadooppc sbin] #
```

图 10.51　Hadoop 中 HDFS 启动后使用 jps 查看进程

由图 10.51 可知,已经在进程中启动了 NameNode、SecondaryNameNode 和 DataNode 三个角色。

下面继续进行 YARN 框架的启动,启动目录仍然是在解压的 hadoop 路径中的 /sbin 目录下,具体启动方法如图 10.52 所示。

```
[root@myhadooppc sbin] # ./start-yarn.sh
```

图 10.52　Hadoop 中 YARN 的启动指令

执行结果如图 10.53 所示。

```
[root@myhadooppc sbin] # ./start-yarn.sh
starting yarn daemons
starting resourcemanager, logging to /usr/hadoop/hadoop-2.7.1/logs/yarn-root-resourcemanager-myhadooppc.out
root@localhost's password:
localhost: starting nodemanager, logging to /usr/hadoop/hadoop-2.7.1/logs/yarn-root-nodemanager-myhadooppc.out
```

图 10.53　Hadoop 中 YARN 的启动执行结果

YARN 服务启动后,继续使用 jps 查看进程信息,如图 10.54 所示。

```
[root@myhadooppc sbin] # jps
4195 SecondaryNameNode
3958 NameNode
4605 NodeManager
4814 Jps
4063 DataNode
4495 ResourceManager
[root@myhadooppc sbin] #
```

图 10.54　Hadoop 中 YARN 启动后使用 jps 查看进程

至此,Hadoop 环境已搭建完成。

在 Hadoop 框架中最著名的就是 MapReduce 组件。

10.5.3　MapReduce 组件

MapReduce 是一种分布式计算模型,是 Google 提出的主要用于搜索领域,解决海量数据的计算模型。MapReduce 由两个阶段组成,即 Map 阶段和 Reduce 阶段,用户只需实现 map() 和 reduce() 两个函数,即可实现分布式计算。

Map 的具体分析过程如下。

(1)读取 HDFS 中的文件中的每一行,其中每一行被解析成一个 < key,value > 的键值对,而每一个键值对相当于调用一次 map 函数。key 值相当于 HDFS 的行数,value 就是每一行的内容。

这里以实际生活中的答题卡为例,答题卡中的 A 选项用正方形表示,B 选项用三角形表示,C 选项用菱形表示,D 选项用圆形表示。四种不同的图形对应答题卡中每一行的选项,如图 10.55 所示。

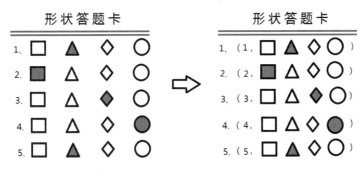

图 10.55　每一行的解析

(2)覆盖 map(),接收上一步产生的 < key,value > 进行处理,转换为新的 < key,value > 键值对输出。如图 10.56 所示,对上一步的答题卡进行处理,转换成新的 < key,value > 键值对输出。

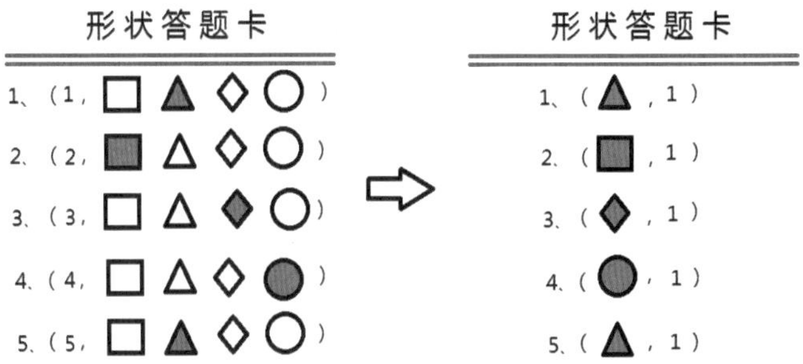

图 10.56　map 进一步值对处理

(3)继续对上一步输出的 < key,value > 键值对进行分区。默认的情况下分为一个区。

(4)对不同分区中的数据按照 key 进行排序、分组。分组指的是相同 key 的 value 放到一个集合中,图 10.57 所示为排序后形状答题卡的形式。

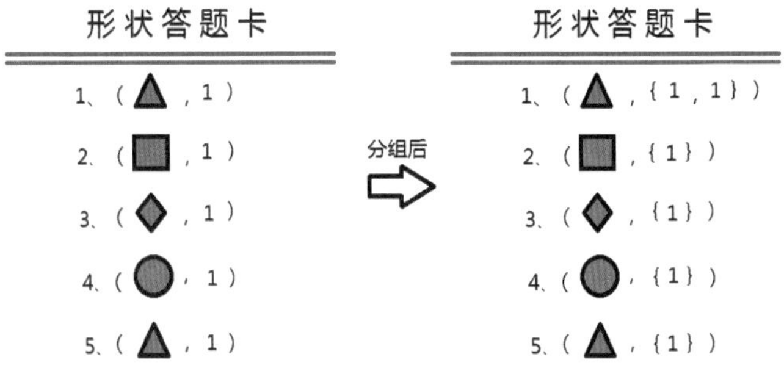

图 10.57　map 对不同分区排序分组

(5)对分组后的数据进行归约,这一步并不是必须进行的,是可选的。

下面再看 Reduce 的具体分析过程。

(1) 多个 map 任务的输出,按照不同的分区,通过网络 copy 到不同的 Reduce 节点上。

(2) 对多个 map 的输出进行合并、排序。覆盖 reduce 函数,接收的是分组后的数据,实现自己的业务逻辑,处理后,产生新的 < key,value > 键值对输出。这里对 Map 过程中的形状答题卡进行合并排序,如图 10.58 所示。

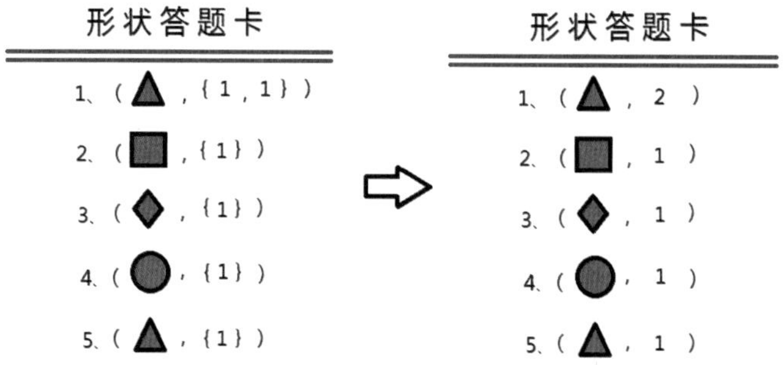

图 10.58　Reduce 合并排序的输出

(3) 对 Reduce 输出新的 < key,value >,写到 HDFS 中。

从 Map 和 Reduce 过程可以看出完成一项大数据概念级的统计任务包括负责统计工作的角色和负责分配任务的角色,由分配任务的角色负责划分区域,确保任务的每一个部分都有统计的工作,不重不漏。然后对每一个部分下发开始统计的命令,负责统计的角色将自己负责的区域统计完成并记录在纸上,所有统计部分的角色上交统计结果后,负责分配任务的角色将所有部分的统计结果进行累加,得到最终任务统计的结果。这样做的目的成本更低,速度更快,MapReduce 就是这样一种并行机制。

由于在 MapReduce 过程中,Map 过程和 Reduce 过程都要在磁盘中保存数据,和磁盘交互频繁,中间多次将计算结果保存到磁盘,这样对计算速度也是有影响的。

在这种情况下,Spark 框架完成了这样的使命。

10.5.4　Spark 框架

Spark 框架是一种类似于内存中的 HDFS 的分布式存储框架,这样使读写速度有了极大的提高。Spark 采用 Scala 语言编写,Scala 是基于 JVM 的语言,性能开销小,也是当今企业中最有效的数据处理框架。

在 Spark 框架中,之所以性能有所提升,在于引入了一种数据计算的抽象概念 RDD。RDD 是一种数据计算的抽象,在抽象中只有逻辑,没有数据。RDD 就像一个数据容器,有输入口,也有输出口。

下载 Spark 压缩包需要访问 Spark 官方网站,如图 10.59 所示。

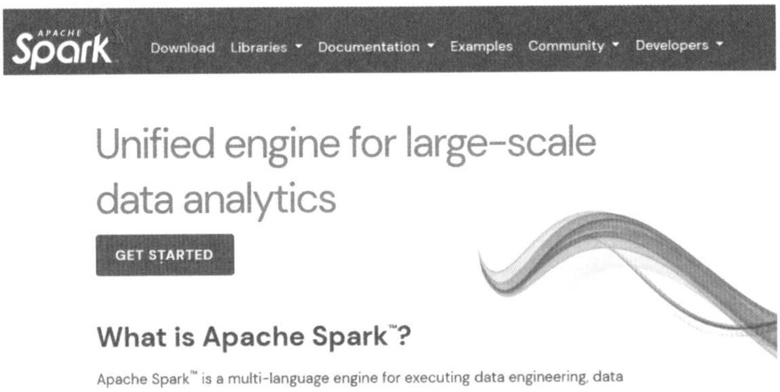

图 10.59　Spark 官方网站

进入网站后,选择"Download"选项,对其中规定的版本进行下载。

下载后,在 Linux 平台上进行解压,解压到 usr 目录下的 spark 自定义目录下,Linux 命令如图 10.60 所示。

```
[hadoop@mylinux-virtual-machine hadoop]# tar -zxvf  spark-3.1.1-bin-hadoop2.7.tgz -C /usr/spark
```

图 10.60　Linux 解压 Spark 压缩包的指令

接下来,打开 Spark 的配置目录,复制默认的 Spark 环境模板。它已经以 spark-env.sh.template 的形式出现了。使用 cp 命令复制一份,在产生的副本中把".template"去掉,Linux 命令如图 10.61 所示。

```
[hadoop@mylinux-virtual-machine sbin]#cd /usr/lib/spark/conf/
[hadoop@mylinux-virtual-machine conf]#cp spark-env.sh.template spark-env.sh
[hadoop@mylinux-virtual-machine conf]# vi spark-env.sh
```

图 10.61　Linux 中 vi 编辑 Spark 环境的指令

在文件中添加信息,如图 10.62 所示。

```
export JAVA_HOME=/usr/java/jdk1.8.0_281
export HADOOP_HOME=/usr/hadoop/hadoop-2.7.0
export PYSPARK_PYTHON=/usr/bin/python3
```

图 10.62　Linux 中 Spark 环境文件的编辑内容

在配置信息中,JAVA_HOME 和 HADOOP_HOME 是 java 和 hadoop 的路径变量,python 与 pyspark 进行联系的变量信息是 PYSPARK_PYTHON,/usr/bin/python3 是 python3 在 Linux 中的路径,可以通过这样的路径操作查找是否能够找到 python3。

10.6 经典的大数据WordCount程序

了解了大数据的平台,就要在大数据的平台上进行数据分析,大数据平台的数据分析过程如图
10.63所示。

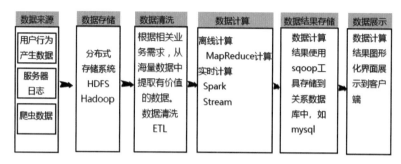

图10.63 大数据平台的数据分析过程

在如图10.63所示的数据分析过程中,数据洗清和数据计算显得尤为重要。比如对日志数据中用
户在一天内的访问量,在用户行为过程中订单的支付率等,这些数据的分析往往需要计算点击的次
数,订单的次数,一天内用户访问的次数等,类似于"某个内容的次数"相当于大数据的经典问题
WordCount,求某个词的频次,可以使用MapReduce的分布式计算的思路。下面先说明一下
MapReduce的计算思路。

先看如图10.64所示的MapReduce流程内容。

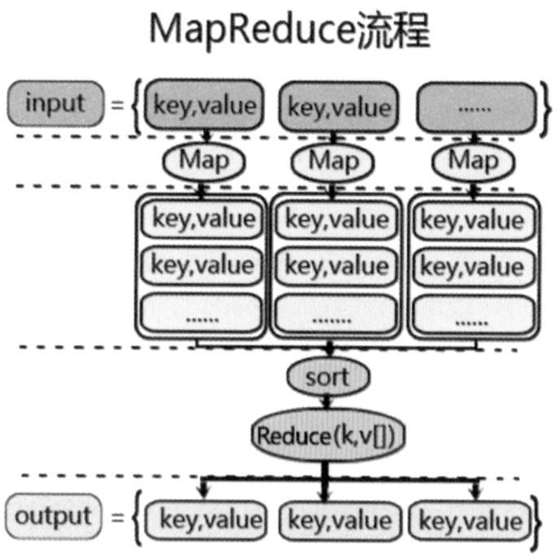

MapReduce流程

input = { key,value key,value ...... }
Map Map Map
key,value key,value key,value
key,value key,value key,value
....
sort
Reduce(k,v[])
output = { key,value key,value key,value }

图10.64 MapReduce的流程

从图10.64中可以看出,MapReduce有两个阶段,在Map阶段会把输入的大数据文件切片处理成
<key,value>键值对的形式,然后对每一个值对调用Map任务,通过Map任务处理成新的<key,value>
键值对,大多数数据分析的思路都是把数据进行分组排序汇总统计。MapReduce的Reduce阶段也是
分组排序汇总统计,最终作为值对的数据集输出。

对于 WordCount 程序来说,也就是统计分布式文件系统中的单词数量,其输入的内容和输出格式如图10.65 所示。

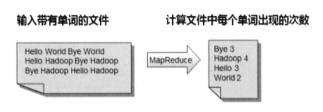

图 10.65　MapReduce 统计单词个数的输入输出内容

由图 10.65 可知,输入文件是由英文单词组成的几句话,最终通过 MapReduce 过程处理后,输出每个单词在文件中出现的次数。

使用 MapReduce 过程对这样的 WordCount 程序进行处理的思路如图10.66 所示。

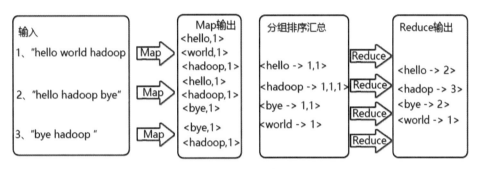

图 10.66　MapReduce 统计单词个数的流程

由图 10.66 可知,输入是每一行含有英文单词的句子,经过 Map 过程后变成英文单词和计数式的键值对<key, value>,<key, value>键值对格式对数字进行计数,"< hello, 1 > "表示对"Hello"的计数有一个,后面在计数过程中,又出现了"< hello, 1 > ",还表示"hello"有一个计数,如何分解出每个单词,这就只需要对英文的句子按空格进行切分,对切分出来的每一个单词构造 < hello, 1 > 的格式即可。Map 过程之后的输出结果以 key 的形式进行分组,就是以"hello"为 key 进行分组,对后面的数据进行汇总统计求和。最后通过 Reduce 过程形成汇总统计后的输出结果。

下面落实到代码上。

使用 PySpark 必须对 SparkSession 的 Spark 对话进行实例化,具体实例化的格式如下。

```
SparkSession.builder.master("local").appName("wordCount").getOrCreate()
```

builder 指的是 SparkSession 是通过静态类 Builder 来完成实例化的。调用了 builder 之后,就可以调用 Builder 静态类中的很多方法。

master 函数设置 Spark master URL 连接,比如"local" 设置本地运行,"local[4]"为本地运行 4cores,或者"spark://master:7077"运行在 spark standalone 集群。

appName("wordCount")的作用是用来设置函数的名称为 wordCount,这个函数名称可以自己定义,只要是字符串就可以了,设置的名称会显示在 Spark web UI 中。

getOrCreate()获取已经得到的 SparkSession,如果不存在则创建一个新的基于 builder 选项的 SparkSession。

建立了 SparkSession 对话之后,SparkContext 是编写 Spark 程序用到的第一个类。SparkContext 为 Spark 程序的主要入口点,因此 SparkSession 建立对话后,获取对话变量 SparkContext 程序。具体代码如下。

```
from pyspark.sql import SparkSession
spark=SparkSession.builder.master("local").appName("wordCount").getOrCreate()
sc=spark.sparkContext
```

有了 Spark 程序的入口 SparkContext,完成数据分析的工作,首先要读取需要分析的文件,textFile 用于加载一个文件创建 RDD,RDD 是 Spark 中最基本的数据抽象。RDD(Resilient Distributed Dataset) 叫作弹性分布式数据集,它代表一个不可变、可分区、里面的元素可并行计算的集合。Spark 内有 collect 方法,这个方法可以将 RDD 类型的数据转化为数组显示出来。如果要显示读取的 RDD 数据,就可以使用 textFile 读出 hdfs 中的数据,然后通过 collect 方法显示,textFile 默认是从 hdfs 读取文件,也可以指定 sc.textFile("路径")。在路径前面加上 hdfs://表示从 hdfs 文件系统上读取数据。具体代码如下。

```
from pyspark.sql import SparkSession
spark=SparkSession.builder.master("local").appName("wordCount").getOrCreate()
sc=spark.sparkContext
files=sc.textFile("hdfs://mylinux-virtual-machine:9000/words.txt")
print(files.collect())
```

代码中通过 textFile 读取 hdfs 服务器上的 words.txt 文件,读取后是 RDD 类型的数据,通过 files.collect()方法转换成数组,通过 print 方法打印出来。运行结果如图 10.67 所示。

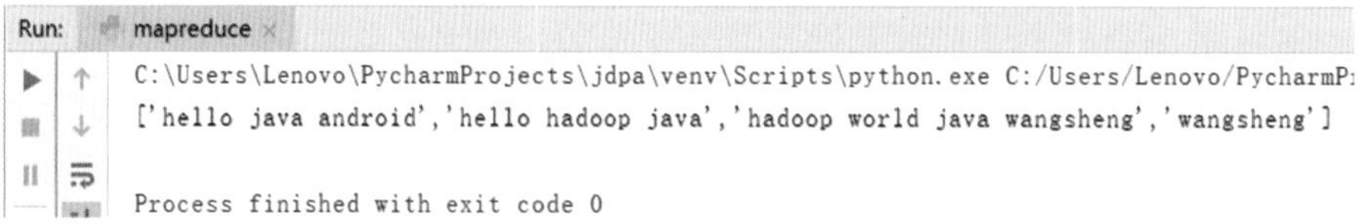

图 10.67　Spark 读取 hdfs 中的 txt 内容并打印输出结果

从图 10.67 中可以看出,文件中的数据已经被读取出来并形成了列表。遍历读取出来的 RDD 就可以对 RDD 中的每个数据进行操作。

在 Spark 中有两个很重要的函数:map 函数和 flatMap 函数。其中 map 函数用于对集合中的每个元素进行操作,flatMap 函数用于对集合中的每个元素进行操作然后扁平化。

将前面读取的 RDD 通过 map 操作,再使用 collect()方法显示具体内容,代码如下。

```
from pyspark.sql import SparkSession
spark=SparkSession.builder.master("local").appName("wordCount").getOrCreate()
sc=spark.sparkContext
files=sc.textFile("hdfs://mylinux-virtual-machine:9000/words.txt")
map_files=files.map(lambda x:x.split(" "))
print(map_files)
```

运行结果如图10.68所示。

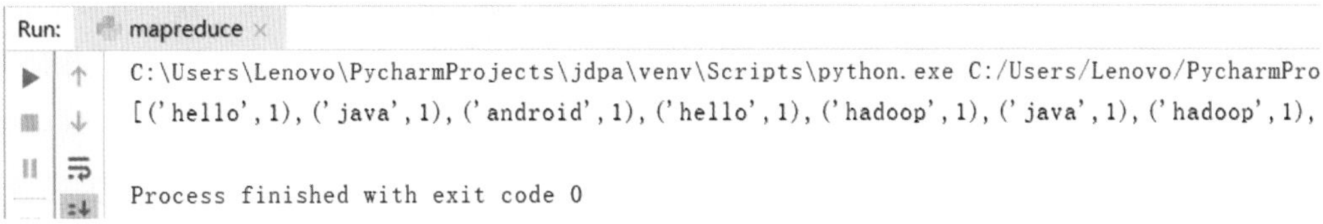

图 10.68　map 操作输出结果

将前面读取的 RDD 通过 flatMap 操作，再使用 collect() 方法显示具体内容，代码如下。

```
from pyspark.sql import SparkSession
spark=SparkSession.builder.master("local").appName("wordCount").getOrCreate()
sc=spark.sparkContext
files=sc.textFile("hdfs://mylinux-virtual-machine:9000/words.txt")
flatmap_files=files.flatMap(lambda x:x.split(" "))
print(flatmap_files)
```

运行结果如图10.69所示。

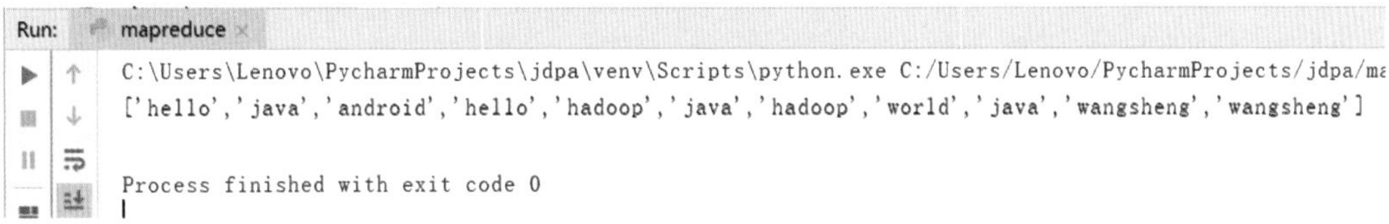

图 10.69　flatMap 操作输出结果

根据 map 和 flatMap 对每个元素操作的返回结果集可以看出，针对 wordCount，flatMap 的返回结果更加符合预期。再对 flatMap 返回的结果集进行处理，以计数式的 key-value 键值对形成（hello，1）、（java，1）、（android，1）等形式，代码如下。

```
from pyspark.sql import SparkSession
spark=SparkSession.builder.master("local").appName("wordCount").getOrCreate()
sc=spark.sparkContext
files=sc.textFile("hdfs://mylinux-virtual-machine:9000/words.txt")
flatmap_files=files.flatMap(lambda x:x.split(" "))
map_files=flatmap_files.map(lambda x:(x,1))
print(map_files.collect())
```

运行结果如图10.70所示。

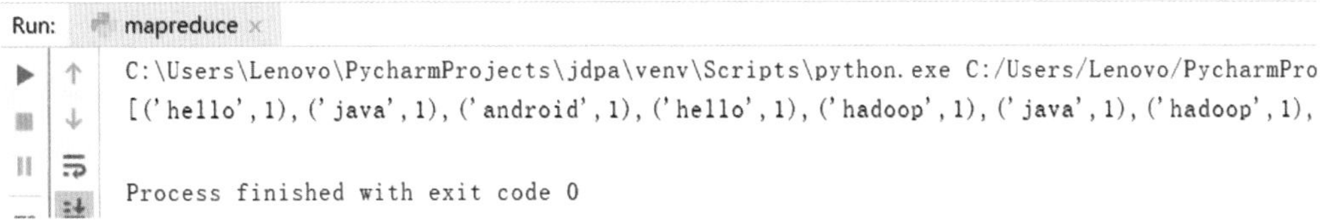

图 10.70　map 操作结果

构造出如图10.70所示的key-value数据后,利用Spark中的reduceByKey方法,reduceByKey就是对元素为kv对的RDD中与key相同的元素的value进行function的reduce操作。因此,key相同的多个元素的值被reduce为一个值,然后与原RDD中的key组成一个新的kv对。这里实现的是相同的key对应的值求和的累加,可以使用lambda函数来完成,代码如下。

```
from pyspark.sql import SparkSession
spark=SparkSession.builder.master("local").appName("wordCount").getOrCreate()
sc=spark.sparkContext
files=sc.textFile("hdfs://mylinux-virtual-machine:9000/words.txt")
flatmap_files=files.flatMap(lambda x:x.split(" "))
map_files=flatmap_files.map(lambda x:(x,1))
freduce_map=map_files.reduceByKey(lambda x,y:x+y)
print(reduce_map.collect())
```

程序最终的输出结果如图10.71所示。

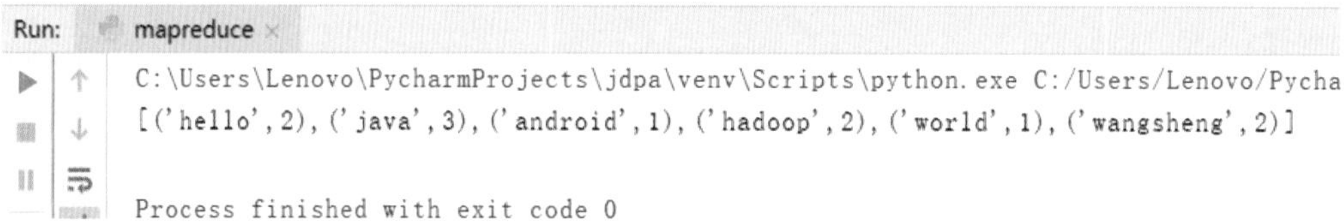

图10.71　map操作输出结果

10.7　本章小结

本章主要阐述了区块链技术和大数据技术,去中心化、防篡改、匿名性和可塑性等特点形成了区块链。区块链的基础也是和大数据相辅相成的,有了大数据,可以有效地管理、处理和整理数据。在Hadoop的生态圈中,大数据的Spark内存处理方法是Python使用的技术手段。大数据技术与区块链技术相辅相成,在技术方面不断发展。

在大数据的实战方面,利用了PySpark模块实现WordCount程序,这是一个研究大数据的经典程序,很多的大数据分析问题都是来自WordCount这个程序。Python编写的Spark内存程序的一些操作方法也是在大数据处理中经常用到的。

未来,有了区块链的保障,大数据自然会更加活跃,当然,人工智能也会在大数据的促进下蓬勃发展。

第11章

人工智能面试指导

人工智能的技术是需要使用到项目中的,一直在修炼内功,也需要在江湖上找到自己施展武功的地方。面试是进入人工智能企业进行研究的手段之一。

图11.1中招聘面试的场景,就是进入一家企业的第一步。

本章将从面试题方面做一些引导,并为人工智能的发展方向提供一些建议和畅想。

图 11.1　招聘面试

11.1 引导面试题选集

在人工智能技术如火如荼的今天,大批优秀的研究员和程序员正致力于人工智能和机器学习的研究中,为了给读者一个面试的引导,这里罗列了一些面试问题供大家参考。

(1)卷积神经网络思想在文本分类任务中如何实现?

卷积神经网络的核心思想是捕捉局部特征,其最初应用到图像领域,后期在文本领域上也应用广泛。在文本领域,局部特征由若干单词组成滑动窗口,卷积神经网络的优势是能够对滑动窗口内的特征进行组合和筛选。在每次卷积过程中采用了共享权重的机制,因此训练速度相对较快,在实际文本分类任务中取得了不错的效果。

(2)Dropout 可以抑制过拟合的原因是什么?

Dropout 从概念上讲,就是指在深度学习的训练中,以事实上的概率随机地"临时丢弃"一部分神经元节点。由于其在训练过程中随机丢弃部分神经元的机制,就相当于每次都在训练不同结构的神经网络。这样就避免了训练过程中的过拟合。

(3)深度神经网络常用的激活函数有哪些?

Sigmoid 激活函数,形式如下:

$$f(z) = \frac{1}{1 + \exp(-z)}$$

Tanh 激活函数,形式如下:

$$f(z) = \tanh(z) = \frac{e^z - e^{-z}}{e^z + e^{-z}}$$

ReLU 激活函数,形式如下:

$$f(z) = \max(0, z)$$

(4)生成对抗神经网络的基本思想是什么?

生成对抗神经网络 GAN 的主要框架包括生成器和判别器。其中,生成器用于合成"假"成本,判别器用于判断输入的样本是真实的还是合成的。从原理上讲,生成器从先验分布中采得随机信号,经过神经网络的变换,得到模拟样本,在判别器接收来自生成器的模拟样本及来自实际数据集的真实样本时,需要网络完成判断。生成器和判别器最终能达到一种平衡,双方都趋于完美。

(5)常用的池化操作有哪些?池化的作用是什么?

常用的池化操作主要针对非重叠区域,有均值池化、最大值池化等。均值池化是对邻域内的特征数值求平均值来实现,可以抑制由于邻域大小受限造成估计值方差增大的现象,特点是对背景的保留效果良好。最大值池化通过邻域内的最大值来实现,能够抑制网络参数误差造成估计均值偏移,在提取纹理信息方面效果良好。池化的本质是降采样。

池化除了能显著降低参数量外,还可以保持对平移、伸缩、旋转操作的不变性。不变性指的是输出的结果相对于输入量基本保持不变。

(6)平方误差损失函数和交叉熵损失函数分别适用的场景是什么?

平方差损失函数更适合输出线性连续数值,并且神经网络最后一层不含Sigmoid或Softmax激活函数;交叉熵函数更适合二分类或多分类问题的场景。

(7)最常用的基分类器是什么?

最常用的基分类器是决策树,其原因可以概括如下。

①决策树可以方便地将样本的权重整合到训练过程中,不需要使用过采样的方法来调整样本的权重。

②决策树在表达能力和泛化能力方面可以通过调节树的层数来优化。

③数据样本的扰动对于决策树的影响较大。不同子样本集生成的决策树分类器随机性较大,这样的"不稳定学习器"更适合作为基分类器。

(8)简述卷积层的相关功能。

卷积层具有局部连接和权值共享的特性。卷积层是通过特定数目的卷积核对输入的多通道特征图进行扫描和运算,从而得到多个拥有更高层语义信息的输入特征图。卷积核不断地扫描整个输入特征图,最终得到输出特征图,为了保证输出特征图的尺寸满足特定要求,而对输入特征图进行边界填充,一般可以采用全零行或全零列来实现。

(9)激活函数ReLU相对于Sigmoid和Tanh函数的优点是什么?

首先,从计算的角度上讲,Sigmoid和Tanh激活函数需要计算系数,复杂度比较高,而ReLU只需要一个阈值就可以获得激活值。

其次,ReLU的非饱和性可以有效解决梯度消失的问题,提供相对宽的激活边界。

最后,ReLU的单抑制提供了网络的稀疏表达能力。

(10)在机器学习中,降低过拟合风险的方法有哪些?

首先,从数据入手,获得更多的训练数据。使用更多的训练数据是解决过拟合问题最有效的手段。

其次,降低模型复杂度。在数据较少时,模型过于复杂是产生过拟合的主要因素,适当降低模型复杂度可以避免模型拟合过多的采样噪声。

再次,使用正则化方法,给模型参数加上一定的正则约束。

最后,可以采用集成学习法。集成学习法可以把多个模型集成在一起,降低单一模型的过拟合风险。

11.2　未来研究方向

人工智能的未来可能会附着在万物之中,每个物体都将具备智能,就像被赋予了生命。这种巨变也将影响人类历史。

可以这样想象,桌子和椅子具备了智能,可以分辨不同的客人,根据其喜好调整高度和舒适度,为客人提供定制化、个性化的坐姿;家里的空调也可以根据不同主人的喜好,选择不同的温度和湿度,使房间的气候具备更加人性化的特征;家里的电视也会根据主人的喜好进行节目的选择等。

生活如此,工作也一样。每个办公桌可以更加智能地调节到舒适的高度;每个门禁可以通过人脸识别自动开门;每台计算机、打印机可以自动识别主人,并自动完成相关工作;每个人的交流,摄像头会自动记录,生成每个员工的会议效率评估等内容。

未来,人工智能将无处不在,每个物体都将具备智能,甚至可以和桌子聊天,和玩偶探讨人生。

在技术层面的积累上,人工智能也需要有一定的技术功底,人工智能是在与数据打交道的基础上建立起来的,需要收集数据、整理数据和分析数据的技术能力。

在人工智能的应用中,重要的工作是数据分析,要从数据中发现有价值的知识,根据知识指导具体的工作。同时也要注意数据的敏感性,同样的数据,在不同背景的人看来,具有不同的意义。

随着人工智能项目的日益成熟,数据分析的结果就会得到更多人的认可。当数据结果真实可信时,没有人会跟数据叫板。这个阶段,人工智能的分析结果就会具备空间的说服力,工作也会逐步进入科学决策的阶段,各个方面的能力也会逐步提升。